天津市科普重点项目

乡村实用信息技术丛书

乡村互联网

实用技术

主　编　张玉玮　刘绍伟

编　者　马享优　田晓艳　李　扬

陈绍慧

天津出版传媒集团

天津科技翻译出版有限公司

图书在版编目(CIP)数据

乡村互联网实用技术 / 张玉玮, 刘绍伟主编. — 2版. — 天津 : 天津科技翻译出版有限公司, 2021.1
(乡村实用信息技术丛书 / 陈绍慧主编)
ISBN 978-7-5433-4064-0

Ⅰ. ①乡… Ⅱ. ①张… ②刘… Ⅲ. ①互联网络-基本知识 Ⅳ. ①TP393.4

中国版本图书馆 CIP 数据核字(2020)第 264599 号

乡村互联网实用技术

XIANGCUN HULIANWANG SHIYONG JISHU

张玉玮　刘绍伟　主编

出　　版:天津科技翻译出版有限公司
出 版 人:刘子媛
地　　址:天津市南开区白堤路 244 号
邮政编码:300192
电　　话:(022)87894896
传　　真:(022)87895650
网　　址:www.tsttpc.com
印　　刷:天津新华印务有限公司
发　　行:全国新华书店
版本记录:710mm×1000mm　16 开本　13.5 印张　233 千字
2021 年 1 月第 2 版　2021 年 1 月第 1 次印刷
定价:38.00 元

丛书编委会

丛书前言

实施乡村振兴战略，农业信息化是突破口。农业信息化是农业现代化的重要标志，是现代农业的制高点，对于加快转变农业发展方式、建设现代农业具有重要作用。农民是乡村振兴的承载者，也是乡村振兴的受益者，更是乡村振兴效果的评判者。我们看到，在当前国家信息化发展大潮中，城乡数字化鸿沟是现实存在的，农民的信息化应用水平还需要进一步提升，本地化熟悉信息技术的人才还需要进一步培养。加强信息化科普教育，是尽快提升农村居民信息科学普及程度的重要手段和路径。

编辑出版《乡村实用信息技术丛书》正是贯彻落实习近平总书记和党中央关于农业农村信息化发展的部署要求，将先进的、实用的信息技术有针对性地传送到乡村振兴主战场，为我国农业现代化的发展提供科技支撑，是顺应历史潮流、惠泽广大农民、落实乡村振兴的重要举措。

本套丛书立足天津市农村和农业生产实际，突出实用性、通俗性和新颖性，从乡村互联网、乡村物联网、乡村电子商务、乡村无纸化办公四个层次多侧面、多角度、全方位介绍实用信息技术，并辅以常见问题及解决方法，重点技术及操作配有二维码，将纸媒与电子书及其他媒体连接，为乡村信息建设提供有力技术支撑。

本套丛书内容丰富、通俗易懂、图文并茂、深入浅出，文字简明扼要，技术可操作性强，理论联系实际，是一套贴近生产实际、看得懂、用得上、学得会的参考书，很适合广大农民朋友使用。本套丛书也可供广大农业物联网生产管理者、乡村互联网信息管理者、乡村电子商务工作者、乡村基层办公人员，以及从事农业信息化研究、开发与教学的人员参考，或者作为农业工程及农业信息管理等专业本科生和研究生的教材，以及农业软件开发人员和农业信息管理人员的培训教材。

本套丛书凝结了一批具有丰富实践经验的农业信息技术领域科技人员的心血和智慧，他们站在科学前沿，以诚挚的热情和高度的责任感，为乡村带去信息化的精神食粮，帮助农民朋友脱贫致富，必将为乡村振兴做出新的贡献。

在《乡村实用信息技术丛书》即将付梓之际，我衷心希望它的出版发行能够使广大农民朋友从中学到信息技术及知识，提升致富技能，也希望该书能在农业现代化发展、社会主义新农村建设、普及农业信息知识、提高农民素质、助力乡村振兴等方面发挥积极作用。

2020 年 4 月

前言

实施乡村振兴战略，是我们党“三农”工作一系列方针政策的继承和发展，是中国特色社会主义进入新时代做好“三农”工作的总抓手。运用现代科学技术是实现乡村振兴的路径之一，而互联网在农村的应用已经成为乡村振兴的重要手段。2019年5月，中共中央办公厅、国务院办公厅印发了《数字乡村发展战略纲要》，要求到2020年，数字乡村建设取得初步进展，全国行政村4G覆盖率超过98%，农村互联网普及率明显提升。到2025年，数字乡村建设取得重要进展，乡村4G深化普及、5G创新应用，城乡“数字鸿沟”明显缩小。数字乡村的发展，将为农村的经济、文化、社会、生态文明和基层建设等各领域带来新气象，更将为农民的生产和生活带来诸多便利。各位农民朋友要了解党和国家推动落实的这些“福利”，融入这个数字化的时代，就必须要学好、用好互联网，成为信息时代新农民，让自己的生活更加丰富多彩，事业蒸蒸日上。

本书由《乡村实用信息技术丛书》编委会编写，期望将通俗易懂的互联网实用信息技术有针对性地传送到乡村振兴主战场，帮助农民朋友了解并掌握使用电脑和智能手机上网的方法，提高利用现代信息技术便利生活、发展生产、增收致富的能力。

本书从初学者学习的规律和角度出发，讲解计算机和智能手机上网方面的知识，内容共8章。第1~3章介绍了计算机上网的相关知识和方法，包括浏览器的使用、使用搜索引擎搜索实用信息的技巧，以及网上获取农业相关信息的介绍等。第4~8章介绍了智能手机上网的相关知识，包括上网方法、App下载及安装、智能手机在乡村生活生产中的应用等。

希望读者在阅读本书之后，不但可以开阔视野，还可以增长实践操作技能，从中学习和总结操作的经验和规律，并达到灵活运用的水平。鉴于编者的水平有限，书中纰漏在所难免，欢迎读者予以批评、指正。

编者

2020 年 5 月

目录

第一章

计算机上网的基础知识

使用计算机上网之前，我们有必要对互联网信息资源及计算机浏览器的使用有一个初步的认识，了解基本的概念，掌握正确的操作步骤。

第一节 什么是互联网信息资源

互联网信息资源是指通过计算机网络可以利用的各种信息资源的总和。即以数字化形式记录的,以多媒体形式表达的,分布式存储在网络计算机的磁介质、光介质以及各类通信介质上,并通过计算机网络通信方式进行传递的信息内容的集合。网络上有海量的各种信息资源,也包括庞大的农业信息资源。

网络信息资源具有数量巨大、内容丰富、形式多样、分布广泛的特点。对这些信息资源进行分类,有利于我们更好地了解并利用网络信息资源。从不同的角度可将其划分为不同的类型。

按所采用的网络传输协议划分为:www信息资源、Telnet信息资源、FTP信息资源和用户服务组信息资源等。

按网络信息资源的内容划分为:网络数据库、网络出版物、社会信息、软件资源和其他类型的信息等。

按开发主体划分为:科研院所站点资源、学校站点资源、企业公司站点资源、政府机构站点资源和服务机构站点资源等。

按信息传播和信息交流的方式划分为:①非正式出版信息,指流动性、随意性较强,信息量大,信息质量难以保证和控制的动态性信息,如电子邮件、专题讨论小组和论坛、电子会议、电子公告栏等工具上的信息;②半正式出版信息,又称"灰色"信息,指受到一定产权保护但没有纳入正式出版信息系统中的信息,如各种学术团体和教育机构、企业和商业部门、国际组织和政府机构、行业协会等单位介绍宣传自己或其产品的描述性信息;③正式出版信息,指受到一定的产权保护、信息质量可靠、利用率较高的知识性和分析性信息,用户一般可通过Web查询到,如各种网络数据库、联机杂志和电子杂志、电子图书、电子报纸等,它们或是传统出版物的数字化,或是有明确创建者,且有版权的直接网络出版物。

从主题划分的角度可以划分为:新闻信息资源、商业经济信息资源、法律信息资源、学术信息资源、科研信息资源、政府信息资源、教育信息资源、文体娱乐信息资源、社会生活信息资源等各类信息。

第二节 浏览器的使用

一、什么是浏览器

浏览器就是用户用来上网检索、浏览网页的工具软件。它能够把从网络上找到的各种信息翻译成包含文本、图形、音频和视频的网页，以更直观、更生动的形式展现给用户。也就是说，浏览器其实相当于一个编译器，能够把网络上使用各种程序语言编写的 HTML 文档转换成更为直观的多媒体文件，以供用户浏览和下载。运行浏览器，在浏览器的地址栏里面输入网址，浏览器可以将我们的指令（检索网站或者浏览网页）进行翻译并向互联网上的计算机服务器提出请求，待服务器满足请求将 HTML 文件发送过来后，浏览器再将这个文件翻译成用户能看见的网页形式，这个过程就是一次浏览过程。

二、常用浏览器介绍

在浏览网络信息时，有各种各样的浏览器可供选择，每种浏览器都有自己的特色功能。下面介绍几款常用的浏览器。

（一）IE 浏览器

Internet Explorer（简称 IE）是由微软公司开发的网络浏览器，是计算机网络应用时必备的重要工具软件。IE 浏览器是 Windows 操作系统的一个组成部分，被捆绑在不同版本的 Windows 操作系统中。2015 年 3 月，微软确认将放弃 IE 品牌，转而在 Windows 10 上，用 Microsoft Edge 取代了 Internet Explorer。2016 年 1 月 12 日，微软公司宣布于这一天停止对 Internet Explorer 8/9/10 三个版本的技术支持，用户将不会再收到任何来自微软官方的 IE 安全更新;作为替代方案,微软建议用户升级到 IE 11 或者改用 Microsoft Edge 浏览器。Internet Explorer 内置了一些应用程序,具有浏览、发送邮件、下载软件等多种网络功能。

IE 浏览器官方下载地址:https://support.microsoft.com/zh-cn/help/17621/internet-explorer-downloads

(二)搜狗高速浏览器

搜狗高速浏览器是由搜狗公司开发的网络浏览器，力求为用户提供跨终端无缝使用体验,使上网更简单、浏览网页更流畅。搜狗高速浏览器首创“网页关注”功能,将网站内容以订阅的方式提供给用户浏览。搜狗手机浏览器还具有 WiFi 预加载、收藏同步、夜间模式、无痕浏览、自定义炫彩皮肤、手势操作等多种功能。

搜狗高速浏览器官方下载地址:https://ie.sogou.com/

(三)傲游浏览器

傲游浏览器(Maxthon)原名 MyIE2,是一位网友(网名为 Changyou)在浏览网页时不满意当时浏览器的现状,自己动手开发的一款多页面浏览器。后来,一位爱尔兰用户送给 MyIE2 一个比较有意义的名字:Maxthon(该词是“Max”和“Thon”两个词的组合,分别代表了高度与深度、持久与坚持)。Maxthon 与中文名傲游于 2004 年正式替代了 MyIE2,现属于网际傲游(北京)科技有限公司。傲游浏览器是一款多功能、个性化、多页面的浏览器,允许在同一窗口内打开任意多个页面,减少浏览器对系统资源的占用,提高上网效率。同时它又能有效防止恶意插件,阻止各种弹出式、浮动式广告,加强网上浏览的安全。傲游浏览器支持各种外挂工具及 IE 插件,使用户在傲游浏览器中可以充分利用所有的网上资源。

傲游浏览器官方下载地址:https://www.maxthon.cn/

(四)360 安全浏览器

360 安全浏览器(360 Security Browser)是 360 安全中心开发的一款浏览器,是世界之窗开发者凤凰工作室和 360 安全中心合作的产品。它和 360 安全卫士、360 杀毒等软件产品一同成为 360 安全中心的系列产品。360 安全浏览器拥有全国领先的恶意网址库,采用恶意网址拦截技术,可自动拦截挂马、欺诈、网银仿冒等恶意网址。其独创沙箱技术,在隔离模式即使访问木马也不会感染。

360 安全浏览器官方下载地址:https://browser.360.cn/

(五)火狐浏览器

火狐浏览器(Mozilla Firefox)是 Mozilla 公司研发的一款免费开放源代码的网页浏览器。该浏览器不使用 IE 核心,占用资源较少,运行稳定。除此之外,该浏览器还提供了一些高级功能,如标签页面浏览、禁止弹出窗口、自定义工具栏、集成搜索功能等。由于该浏览器公开源代码,因此获得了众多软件开发人员的无偿支持,使其迅速获得成功,越来越多的人开始选择使用火狐浏览器。

火狐浏览器官方下载地址:https://www.firefox.com.cn/

(六)UC 浏览器

UC 浏览器(UC Browser)是 UC 移动有限公司在 2004 年 8 月开发的一款软件,支持智能手机、计算机、智能电视极速上网。UC 浏览器是全球主流的第三方手机浏览器,为全球移动互联网用户提供智能的手机上网服务。目前已覆盖安卓、IOS、Windows 等主流移动操作系统。UC 浏览器具有智能、极速、安全、易扩展、省电、省流量等特性,无论是阅资讯、读小说、看视频,还是上微博、玩游戏、网上购物,都能让用户享受流畅、便捷的移动互联网体验。

UC 浏览器官方下载地址:https://www.uc.cn/

(七)猎豹安全浏览器

猎豹安全浏览器是猎豹移动公司(原金山网络)开发的一款浏览器,主打安全与极速特性。猎豹安全浏览器进行了一百多项优化,并设计了十多个视觉特效。是首款双核安全浏览器,采用 Chrome 和 IE 双内核智能自动切换,最突出的是解决用户上网慢的问题,并进行技术优化,使启动、加载网页速度更快。

猎豹安全浏览器官方下载地址:https://www.liebao.cn/

(八)QQ 浏览器

QQ 浏览器是腾讯科技(深圳)有限公司开发的一款浏览器,其前身为 TT 浏览器。QQ 浏览器采用双内核设计,让浏览快速稳定,拒绝卡顿,还具有网页图文收藏、多种插件扩展、支持 QQ 快捷登录等特色功能。

QQ 浏览器官方下载地址:https://browser.qq.com/

(九)Google Chrome

Google Chrome 又称谷歌浏览器,是一款由谷歌(Google)公司开发的免费网页浏览器。"Chrome"是化学元素"铬"的英文名称,过去也用 Chrome 称呼浏览器的外框。Google Chrome 的特点是使用安全、不易崩溃。Google Chrome 支持多标签浏览,每个标签页面都在独立的"沙箱"内运行,在提高安全性的同时,一个标签页面的崩溃也不会导致其他标签页面被关闭。

另外还有手机版的 Chrome 浏览器。于 2012 年发布的 Chrome 浏览器移动版,提供 IOS 系统、安卓系统以及 Windows Phone 系统的 Chrome 浏览器,在保持浏览器原有特点的情况下,实现了多终端使用浏览器,具有共享收藏历史信息等功能。

Google Chrome 浏览器官方下载地址:https://www.google.cn/chrome/

三、IE 浏览器的使用方法

Internet Explorer(简称 IE),是用户上网时使用最为广泛的网络浏览器,学习使用 IE 浏览器,能够为上网以及使用其他浏览器打下基础。

(一)启动与退出 IE 浏览器

在使用 IE 浏览器浏览网页之前,需要先启动 IE 浏览器。启动 IE 浏览器的方法比较多且简单。下面将介绍三种 IE 浏览器的启动方法,其他浏览器的启动可参考 IE 浏览器。

▶▶▶通过【开始】菜单启动

以 Windows 7 操作系统为例,点击桌面左下角的【开始】按钮,然后点击【所有程序】,鼠标左键单击选择【Internet Explorer】菜单项,即可启动 IE 浏览器,如图 1–1。

图 1–1

▶▶▶通过任务栏启动

任务栏位于 Windows 操作系统的最下方。重复第一种启动方法的前两步,并在图 1–1 中用鼠标选中【Internet Explorer】菜单项并点击右键,选择【锁定到任务栏】,即可使 IE 浏览器的图标出现在任务栏中。点击该图标,即可启动 IE 浏览器,如图 1–2。

图 1–2

▶▶▶通过桌面快捷方式启动

可通过在 Windows 操作系统双击【Internet Explorer】快捷方式,打开 IE 浏览器,如图 1–3。

图 1-3

如果在 Windows 操作系统桌面找不到 IE 浏览器快捷方式,可在桌面单击【开始】按钮，然后选择【所有程序】→【Internet Explorer】→【发送到】→【桌面快捷方式】,在桌面新建一个 IE 浏览器的快捷方式,如图 1-4。

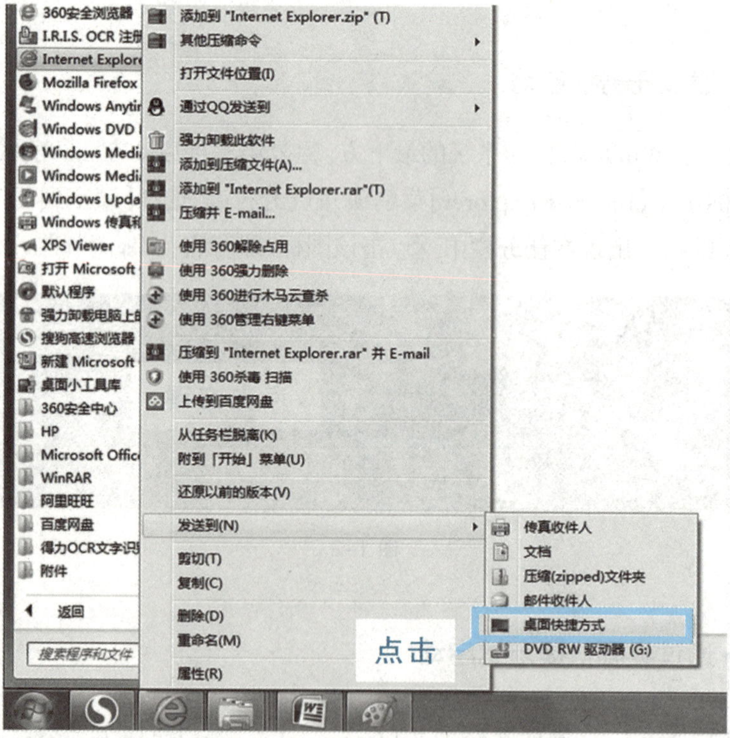

图 1-4

退出 IE 浏览器比较简单，点击浏览器右上角的叉号按钮即可关闭并退出 IE 浏览器。

(二)认识 IE 浏览器的工作界面

启动 IE 浏览器后,用户即可进入 IE 浏览器的主界面。以下以 IE11 为例,介绍 IE 浏览器的工作界面。

打开 IE 浏览器后,在地址栏输入“baidu.com”,单击键盘上的回车键,进入“百度”主页,其界面如图 1–5。

地址搜索栏:显示正在浏览的文档地址。它既可以是 Internet 地址,也可以是本地计算机的路径。可在其中直接输入网站地址或文字进行搜索。

选项卡:每浏览一个网页都会出现一个提示网页名称的选项卡。单击选项卡右侧的【关闭】按钮,即可关闭选项卡。

菜单栏:包括了 IE 浏览器最常用的编辑、查看、收藏夹等功能。

网页浏览区:是 IE 浏览器工作界面最大的显示区域,用于显示当前网页的内容。

状态栏:在窗口的最底下一栏,显示 IE 浏览器的工作状态信息。

滚动条:包括水平滚动条和垂直滚动条,使用鼠标单击并拖动水平或垂直滚动条,可浏览全部网页。

图 1–5

（三）IE 浏览器的设置及应用

在使用 IE 浏览器的过程中，可对 IE 浏览器进行相关设置，设置后，浏览器的使用会更加个性化和得心应手。以下介绍设置 IE 浏览器的相关操作。

▶▶▶设置默认主页

安装浏览器后，默认的启动主页为微软中国的首页，用户可以将启动页面设置为空白页、当前浏览的网页或者某一指定的网页。设置之后，当启动 IE 浏览器时默认的主页也随之被打开。

将"百度"首页设置为默认启动页的方法：

●启动 IE 浏览器，在地址栏中输入"百度"网站的地址"https://www.baidu.com/"，按回车键进入该网站。

●选择【工具】菜单，在弹出的下拉菜单中选择【Internet 选项】，弹出对话框后，切换到【常规】选项卡。

●单击【主页】选项组中的【使用当前页】按钮，在地址文本框中自动显示"百度"的主页网址"https://www.baidu.com/"。

●完成设置后，单击右下角的【应用】按钮，即可完成 IE 浏览器默认主页的设置，如图 1–6。下次开启 IE 浏览器时，将自动打开所设置的主页。

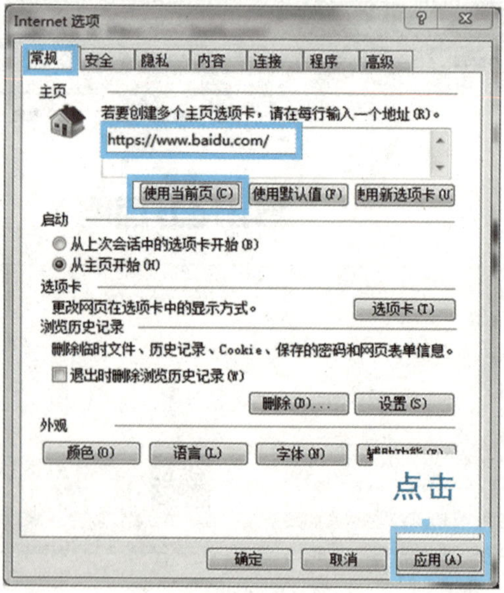

图 1–6

值得注意的是，随着互联网技术的快速发展，网页的功能越来越全面，在很多网页的导航栏中都有【设为主页】或者【设为首页】的超链接项，用户直接点击这样的超链接项，即可快速完成 IE 浏览器主页设置。

▶▶▶使用收藏夹功能

用户浏览网页时，会遇到非常有用或非常感兴趣的网页，可以将该网页添加到收藏夹中。打开准备收藏的网页，点击菜单栏的【收藏夹】选项，在下拉菜单中选择【添加到收藏夹】，即可将当前的网页添加到收藏夹中，如图 1–7。收藏后的网站名称会自动显示在【收藏夹】菜单下。下次访问时，直接在收藏夹中选择该网站即可。

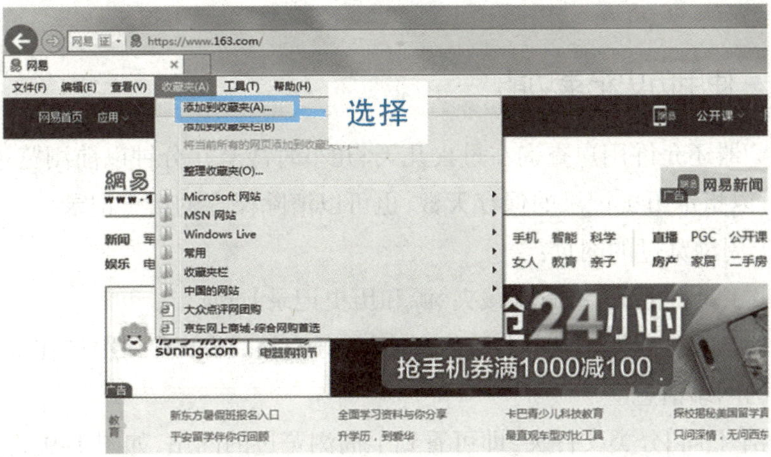

图 1–7

收藏夹中添加的页面越来越多时，用户使用起来会比较麻烦，需要将网页进行分类保存，即把收藏的页面分类移至文件夹中。选择【收藏夹】→【整理收藏夹】命令，打开【整理收藏夹】对话框。在此对话框中可以创建或者删除收藏分类，也可以重命名分类或者网站名称，还可以为收藏的各个网址进行重新排序，或者将某一个网址移动到不同的分类中。

例如，在收藏夹中将网易（https://www.163.com/）网站保存到【常用】收藏夹中，选择【收藏夹】→【整理收藏夹】命令，在打开的【整理收藏夹】对话框中（如图 1–8）将网易图标【易网易】点击并拖动到【常用】文件夹中即可。

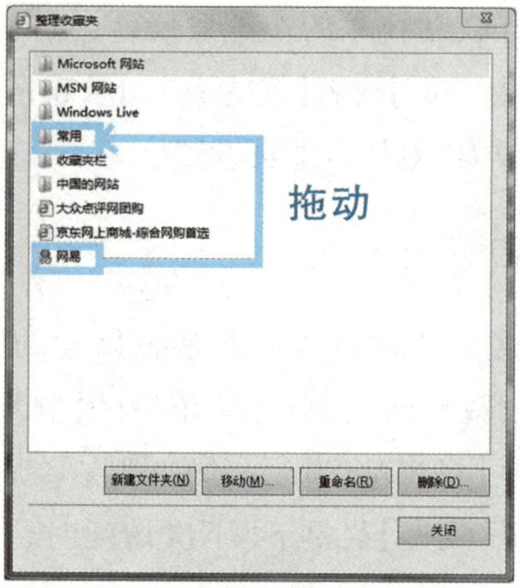

图 1-8

▶▶▶使用历史记录功能

IE 浏览器还允许用户查询在过去几天、几小时甚至几分钟以前浏览过的网站。此外，还可以指定历史记录的保存天数，也可以清除保存的历史记录。

查看上周浏览过的网页：

●单击工具栏上的【查看收藏夹、源和历史记录】选项。

●在弹出的对话框中选择【历史记录】任务窗格，可以看到用户在最近一段时间访问过的网站信息。

●单击【上周】分类文件夹，即可看到上周浏览过的网站，如图 1-9。双击对应的网站即可浏览。

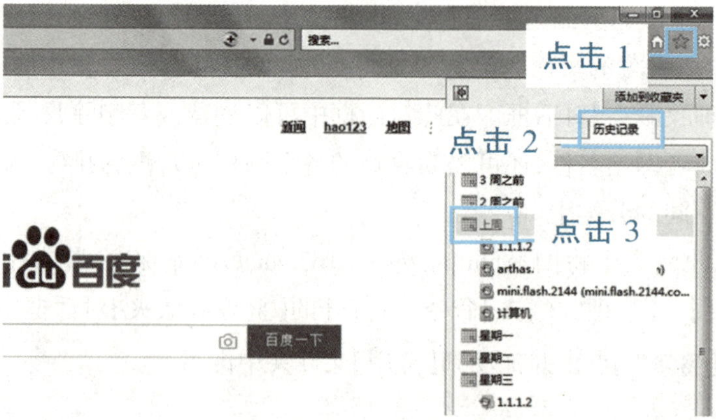

图 1-9

删除浏览历史记录：定期清理浏览器中保存的历史记录，可以保证上网安全和保护用户个人隐私。单击菜单栏上的【工具】选项，在下拉菜单中选择【删除浏览历史记录】，在弹出的对话框（图 1–10）中即可删除历史记录。

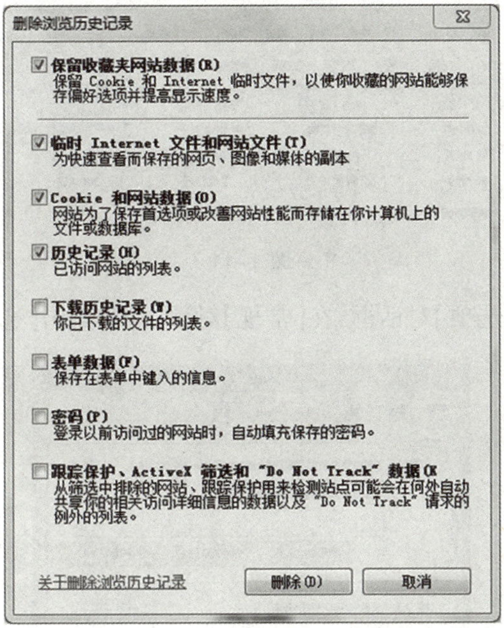

图 1–10

第三节　常见问题及解决办法

一、如何设置 IE 浏览器在新选项卡中打开网页

在同一个 IE 窗口打开多个选项卡，这样在浏览网页的时候就不会显得很乱。

● 在 IE 命令栏或右上角点击【工具】按钮，选择【Internet 选项】，如图 1–11。

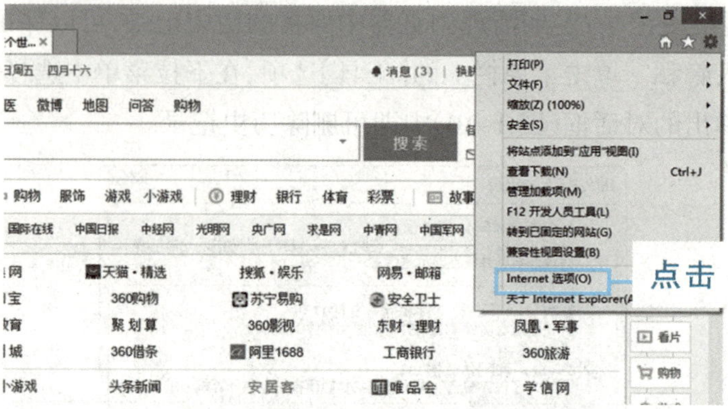

图 1–11

●打开【Internet 选项】对话框，在【常规】对话框中，点击【选项卡】，如图 1–12。

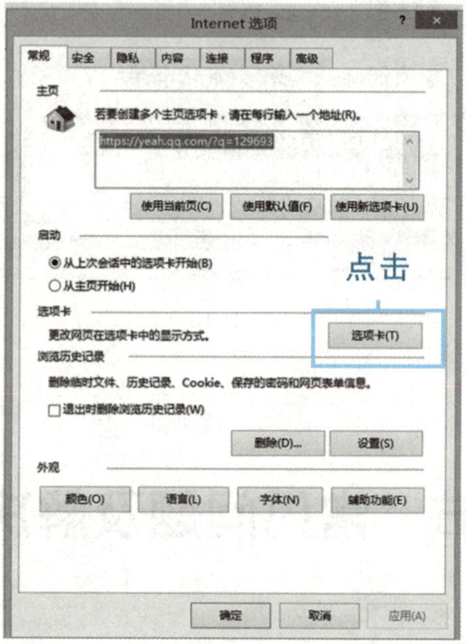

图 1–12

●进入【选项卡浏览设置】对话框，在【选项卡浏览】选择【启用选项卡分组】，在【遇到弹出窗口时】选择【始终在新选项卡中打开弹出窗口】，在【在以下位置打开来自其他程序的链接】选择【当前窗口中的新选项卡】，最后点击【确定】，重新启动计算机后设置生效，如图 1–13。

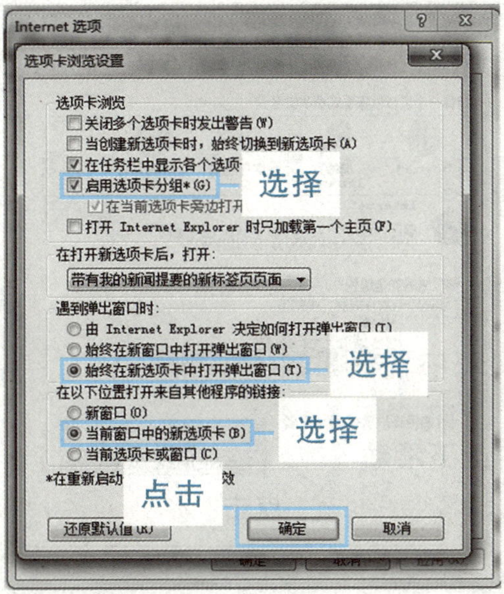

图 1–13

二、如何调整 IE 浏览器的安全级别

●在 IE 命令栏或右上角点击【工具】按钮，选择【Internet 选项】，如图 1–14。

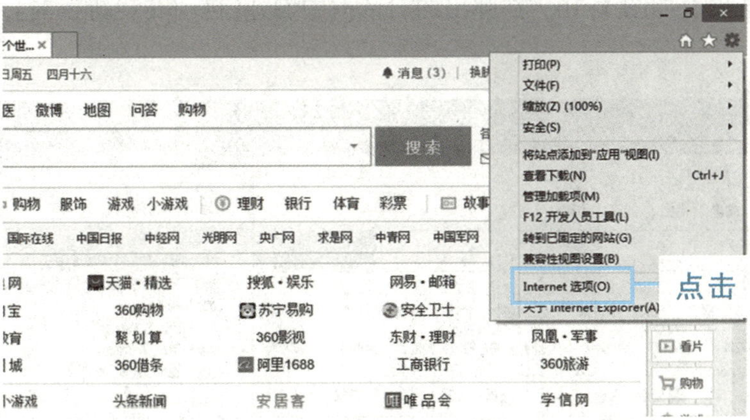

图 1–14

●打开【Internet 选项】对话框，在【安全】对话框中，上下滑动设置安全级别，完成后点击【确定】，如图 1–15。

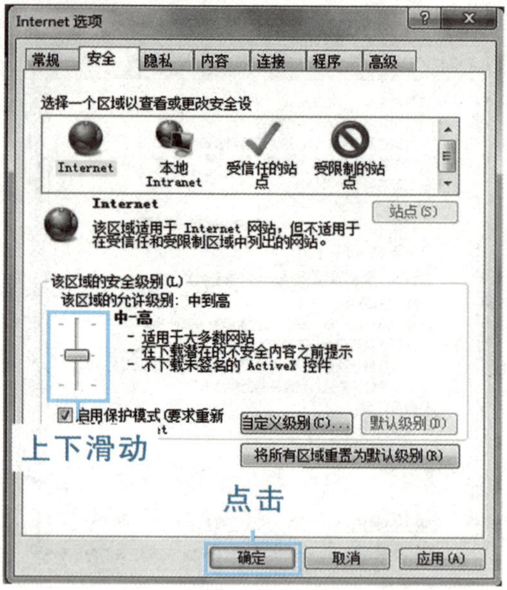

图 1–15

三、IE 浏览器如何升级到最新版本

●通过 IE 浏览器设置升级。打开 IE 浏览器，点击右上方的【工具】按钮，选择【Internet 选项】，如图 1–16。在弹出的对话框中勾选【自动安装新版本】，如图 1–17 所示。

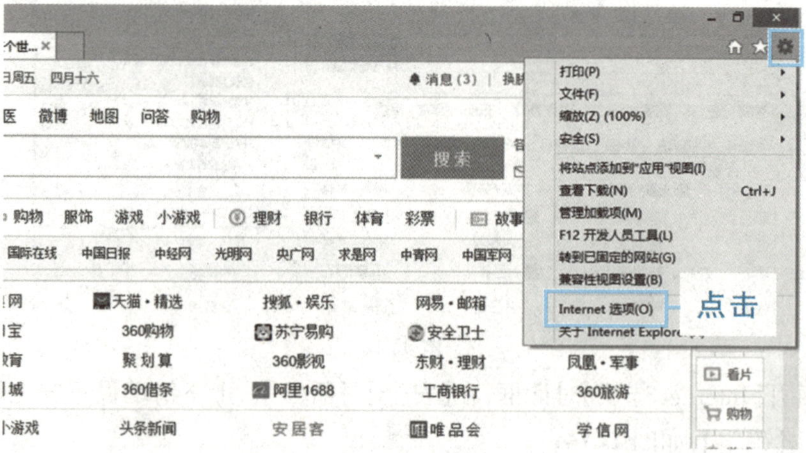

图 1–16

图 1–17

●直接进入 IE 浏览器官网下载，官网下载地址为:https://support.microsoft.com/zh–cn/help/17621/internet–explorer–downloads,官网下载页面如图 1–18。

图 1–18

四、如何将电脑正在访问的网址转化为二维码

当需要用手机同步访问电脑上的网页时，在手机上输入网址或者从电脑上发送网址都太麻烦,可以用浏览器自带的转化功能或者插件进行访问。

●搜狗浏览器。搜狗浏览器的当前网址转二维码功能非常方便,不需要插件。

在浏览器的地址栏点击右键，弹出的小窗口中显示有二维码，可以用手机直接扫描，如图 1–19。

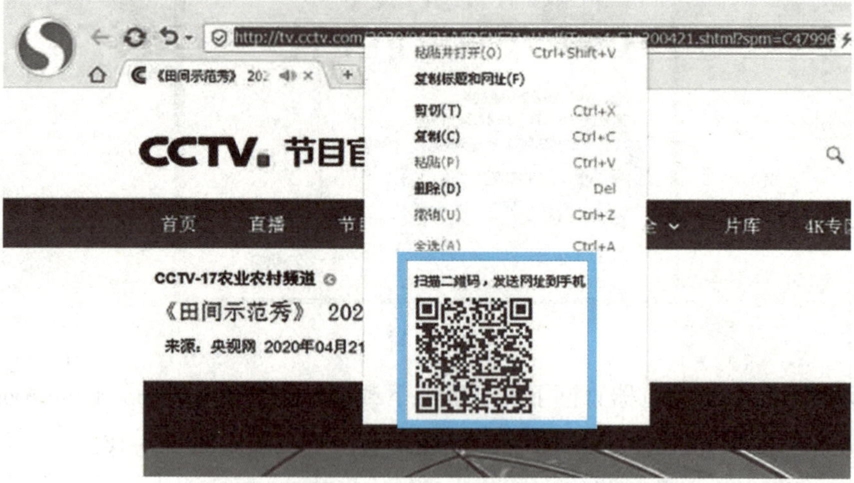

图 1–19

●360 浏览器。打开 360 浏览器，点击【扩展中心】按钮，在打开的扩展窗口中，点击搜索框，输入【二维码】进行搜索，在搜索结果中找到【网址转二维码】功能，点击【安装】按钮 安装 ，如图 1–20。

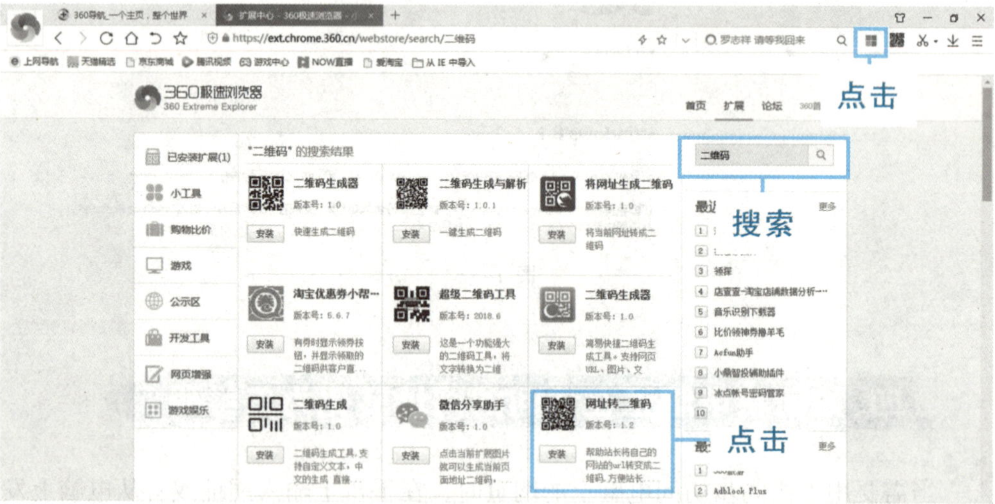

图 1–20

这时，弹出一个确认要添加扩展的对话框，点击【添加】即可，如图 1–21。

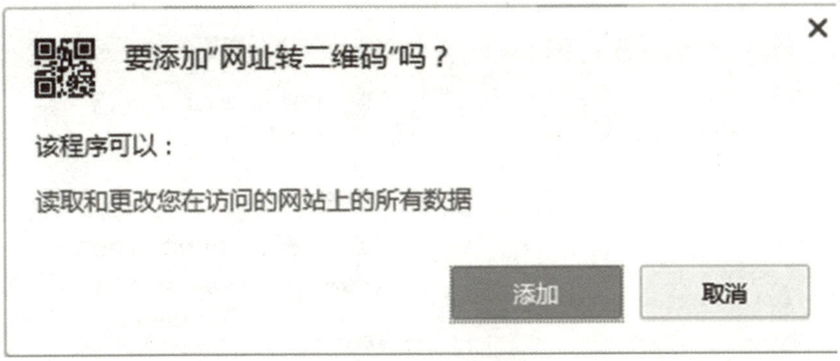

图 1-21

这样就安装成功了。点击右上角二维码图标后，就可以看到当前网页生成的二维码，如图 1-22。手机扫描后可以快速打开网页。

图 1-22

其他浏览器也是类似的操作方法，可以分别尝试在地址栏点击右键，找找二维码小图标。没有的就安装一个插件。

五、如何保存网页

用户在浏览网页时，若发现有用的信息，可将整个网页保存下来。以搜狗浏览器为例，点击浏览器右上角的【显示菜单】按钮☰，在下拉菜单中找到【网页另存为】，可将网页保存为文件或图片，如图 1-23。

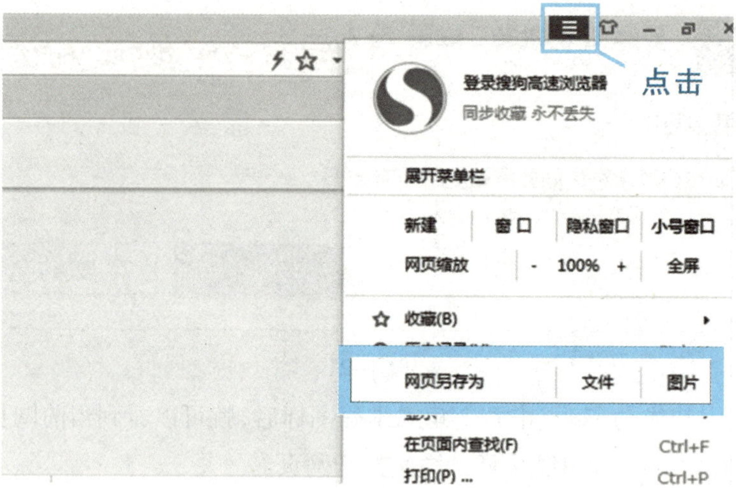
点击
登录搜狗高速浏览器
同步收藏 永不丢失
展开菜单栏
新建
窗口
隐私窗口
小号窗口
网页缩放
100%
全屏
收藏(B)
网页另存为
文件
图片
在页面内查找(F)
Ctrl+F
打印(P) ...
Ctrl+P

图 1-23

第二章

互联网搜索引擎的使用方法

在网络时代，互联网搜索引擎使我们获取信息更迅速、更丰富、更便捷。用搜索引擎可以帮助用户快速地筛选网址和内容,达到事半功倍的效果。现在常用的搜索引擎有百度搜索、搜狗搜索等,这些搜索引擎都有通用的搜索规则，熟悉并好好利用，可以尽快找到我们需要的确切信息。

第一节　常用搜索引擎介绍

随着互联网信息呈几何级数方式增长,出现了搜索引擎(Search Engine)。搜索引擎是查找互联网信息资源的网络检索工具。它是网络服务商为用户提供的专门的检索站点,该站点是一个经过对互联网上的信息资源进行搜集、整理而建立的拥有成万上亿条互联网信息记录的数据库,可以提供网上信息资源的查询或导航,帮助人们在茫茫互联网海洋中快速、准确地搜寻到所需要的信息。

以下介绍几款目前应用较为广泛的搜索引擎。

一、百度搜索

百度搜索是全球最大的中文搜索引擎,2000 年 1 月由李彦宏、徐勇两人创立于北京中关村,致力于向人们提供"简单,可依赖"的信息获取方式。"百度"二字源于宋朝词人辛弃疾的《青玉案》诗句:"众里寻他千百度",象征着百度对中文信息检索技术的执着追求。百度搜索引擎提供了网页搜索、MP3 搜索、图片搜索、新闻搜索、百度贴吧、百度知道、百度百科、百度地图等产品和服务。

百度搜索的网站地址为:https://www.baidu.com/,如图 2-1 为百度网站首页。

图 2-1

二、搜狗搜索

搜狗搜索引擎是搜狐公司推出的第三代互动式中文搜索引擎，是中国领先的中文搜索引擎，致力于中文互联网信息的深度挖掘，帮助中国上亿网民加快信息获取速度，为用户创造价值。搜狗的搜索产品各有特色。音乐搜索达到小于2%的死链率，图片搜索有独特的组图浏览功能，新闻搜索有及时反映互联网热点事件的“看热闹”首页，地图搜索有全国无缝漫游功能，使得搜狗的搜索产品极大地满足了用户的日常需求。

搜狗搜索引擎的网站网址为：https://www.sogou.com/，如图2–2。

图 2–2

三、微软必应

必应（Bing）是微软公司于2009年5月28日推出的全新搜索引擎服务，用以取代Live Search的搜索引擎。必应集成了多个独特功能，包括每日首页美图，以及崭新的搜索结果导航模式等。必应还推出了针对中国用户需求而设计的必应地图搜索功能和公交换乘查询功能。同时，搜索中还融入了微软亚洲研究院的创新技术，增强了针对中国用户的搜索服务和快乐搜索体验。

必应搜索的网址为：https://cn.bing.com/，网站首页如图2–3。

图 2-3

四、有道搜索

有道搜索是网易公司推出的中文搜索引擎。在网易结束与谷歌的合作后，网易公司自行研发的有道搜索成为其搜索服务的核心，有道搜索致力于为互联网用户提供更快更好的中文搜索服务。它于 2006 年底推出测试版，2007 年 7 月正式成为网易旗下搜索引擎（so.163.com）的内核，并于 2007 年 12 月 11 日推出正式版。目前，有道搜索已推出的产品包括网页搜索、图片搜索、热点（新闻）搜索、词典搜索、有道阅读等。

有道搜索引擎的网址为：https://www.youdao.com/，网站首页如图 2-4。

图 2-4

五、360 搜索

360 搜索，原名“好搜搜索”，该搜索引擎依托于 360 母品牌的安全优势，全面拦截各类钓鱼欺诈恶意网站，为用户提供更放心的搜索服务。360 搜索属于全文搜索引擎，是目前广泛应用的主流搜索引擎。360 搜索包括新闻、网页、问答、图片、识图、地图、百科、软件等应用。

其网站网址为：https://www.so.com/，首页如图 2–5。

图 2–5

第二节　网上搜索的技巧

查询网络资源最方便快捷的方式是使用搜索引擎。使用搜索引擎搜索网络资源最基本也是最重要的技巧是确定关键词。

关键词，就是用户在搜索框中输入的文字，也是搜索引擎寻找的东西。它可以是任何中文、英文、数字以及中英数字的混合体；也可以是用户要寻找的任何内容，如人名、网站新闻、小说、软件、游戏、工作等。当用户输入某个关键词以后，所有包含该关键词的网页都被作为搜索结果显示出来。各个搜索引擎都提供了一些方法帮助我们精确地查找内容，这些方法虽然略有不同，但一些常见的功能是差不多的。

一、模糊搜索

输入一个关键词,搜索引擎就找到包括关键词的网址和与关键词意义相近的网址。

二、精确搜索

精确搜索一般是在文字框中输入关键词时,加一对半角的双引号。双引号可以进行精确搜索,不显示关键词拆分的内容。例如,用户搜索不加双引号的“电传”,搜索引擎会把“电话传真”也搜索进来,但是通过加双引号,就不会搜索出关键词拆分内容了。

三、逻辑搜索

如果用户想查找多个与关键词相关的内容,可以一次输入多个关键词,在各关键词之间用操作符“AND”“OR”“NOT”进行连接。

“AND”也可以用“&”表示,在中文搜索中一般用加号“+”连接关键词。例如,当要查找的内容同时包括“黄瓜、栽培、天津”三个关键词时,就可用“黄瓜+栽培+天津”来表示。

“OR”在中文搜索中一般用逗号“,”连接关键词,表示查找的内容不必同时包括这些关键词,只要包括其中的任何一个即可。例如,要查找“西瓜、甜瓜”两个关键词或其中任意一个词的内容,可用“西瓜,甜瓜”来表示。

“NOT”表示排除的关键词,中文搜索中一般用减号“-”连接关键词。例如,要查找“黄瓜”,但必须没有“价格”字样,就可以用“黄瓜 -价格”来表示(注意:减号之前有空格,之后无空格)。

四、字段限定检索

字段限定检索,即检索词限定在搜索引擎数据库中特定字段进行查找,如网页标题、站点、网址、链接等。在浩如烟海的网络信息中,采用字段限定检索方式,可以精确定位,摒除无关信息,极大提高检索结果的精准度。

（一）标题限定检索词

标题限定检索词就是在网页的标题中输入检索词，使用的命令一般是“title”或“intitle”，其格式为：“title：检索词”，或“intitle：检索词”。例如：“intitle：小麦基因图谱”。

（二）文件类型限定检索词

文件类型限定检索词是指查找出特定文件类型的相关结果，使用的命令一般是“filetype”，其格式为：“检索词 filetype：文件类型”。例如：“农业信息 filetype：PDF”，表明想查找关于农业信息方面的 PDF 格式的文件。

（三）站点限定检索词

如果知道某个或某类站点中有自己需要找的东西，就可以把搜索范围限定在这个站点中，提高查询效率。使用的命令一般是“site”，其格式为：“检索词 site：域名或网站”。例如，天空网（https://www.skycn.com/）是用户常去的软件下载网站，如果想去下载 PDF 浏览器，就可以在百度搜索引擎里搜索：“pdf site：skycn.com”。

（四）空格、逗号、引号等的作用

●空格。搜索引擎中，空格的作用与逻辑“与”（AND）相同，表示要检索出包含两个概念的信息。例如，检索式“稻瘟病 防治”，表示可查出含有“稻瘟病”及“防治”的页面。

●逗号。逗号（，）的作用类似于逻辑“或”（OR），是查找那些至少含有一个指定关键词的页面。区别是，检索结果输出时，包含指定关键词多的页面，其排列的位置靠前。例如，检索式“水稻，小麦，玉米”，可查出含有三个关键词中的任何一个或几个的页面，而同时含有“水稻”“小麦”和“玉米”的页面输出时排在前面。

●引号。引号（“”）的作用是一个或多个检索词被当作一个短语来进行检索，即精确检索，也就是完全按照引号中的内容进行查找。绝大部分的搜索引擎都支持短语检索，找到含有与短语词序和意义完全相同的页面。例如，检索式“biological control”，表示把“biological control”当作一个短语来搜索。如果不加引号，搜索引擎就会自动扩展检索，把“biological”与“control”两个词分开，这样得到的检索结果，可能与用户查找的主题内容相去甚远。

(五)利用"网页快照"功能打开一些死链接

当搜索的网页被删除或链接失效时,用户可以通过点击"网页快照",查看这个网页原始的内容。搜索引擎在收录网页时,对网页进行备份,存储在自己的服务器缓存里,当用户在搜索引擎中点击"网页快照"链接时,搜索引擎将 Spider 系统当时所抓取并保存的网页内容展现出来,称为"网页快照"。由于网页快照是存储在搜索引擎服务器中,而不是链接到网页所在的网站,所以查看网页快照的速度往往比直接访问网页要快。网页快照中,搜索的关键词用亮色显示,用户可以点击呈现亮色的关键词直接找到关键词出现位置,便于快速找到所需信息,提高搜索效率,而且可以查看互联网上已经删除的网页。百度快照、谷歌的网页快照都能实现这个功能。百度快照如图 2–6。

https://www.baidu.com/s?ie=utf-8&f=8&rsv_bp=1&rsv_idx=1&tn=baidu&wd=%E9%A9%AC%E9%93%83%E8%96%AF%E6
马铃薯栽培_百度搜索
文件(F) 编辑(E) 查看(V) 收藏夹(A) 工具(T) 帮助(H)
Bai百度
马铃薯栽培
百度一下
网页 资讯 视频 图片 知道 文库 贴吧 采购 地图 更多»
百度为您找到相关结果约7,910,000个
搜索工具
马铃薯栽培_百度百科
马铃薯栽培技术
马铃薯栽培范围遍布全世界，从北纬71°至南纬40°之间的绝大多数国家都有马铃薯栽培。栽培面积较大的国家有俄罗斯、中国、美国、荷兰、德国、加拿大等。其中，荷兰是世界上生产水平较高的国家，每年栽培面积200万亩左右，占粮食作物播种面积的36%，单产从20世纪70年代的每亩2200公斤增加到现在的3300公...
基本介绍 特征 脱毒技术 栽培技术 地膜栽培 早熟 更多>>
https://baike.baidu.com/
马铃薯的栽培技术:你知道多少呢
2019年1月6日 - 本期讲的就是马铃薯,俗称土豆。马铃薯退化预防与高产栽培技术: 马铃薯的退化与预防途径马铃薯在南方夏季炎热地区
春种,经1年或数年
纤弱,叶片...
Zh1为明天
百度快照
无公害马铃薯栽培技术
2019年3月9日 - 导语:欢迎来到古巷巷青灯,无公害马铃薯栽培技术。品种选用,在应用脱毒种薯的基础上,根据用途选用适宜的优良品种,食
用鲜薯生产选用
加工淀粉、粉条等,...
古巷巷青灯
百度快照
求马铃薯的种植方案_百度知道
1个回答 - 回答时间: 2018年6月27日
最佳答案: 怎样种植马铃薯? 马铃薯种植宜在10-12月,翌年1-3月收获,选有机质丰富的沙壤土种植,亩放有机质肥料1500-2000公斤,草皮灰150公斤,将肥料撒入田块后用...
百度知道
百度快照

图 2–6

第三节 百度搜索引擎的使用方法

百度搜索引擎的检索界面简洁明净。中间的搜索框提供关键词检索，也支持以关键词为基础构建的各种检索式。此外，还把利用率较高的新闻、网页、贴吧、图片、视频等检索功能放在了首页。点击【更多产品】→【全部产品】(图 2-7)，可以看到百度开发的全部产品，包括百度贴吧、百度知道、百度百科、MP3 搜索、视频搜索、图片搜索、百度空间、百度地图、专利搜索、博客搜索、百度词典、法律搜索等多种特性搜索服务(图 2-8)。

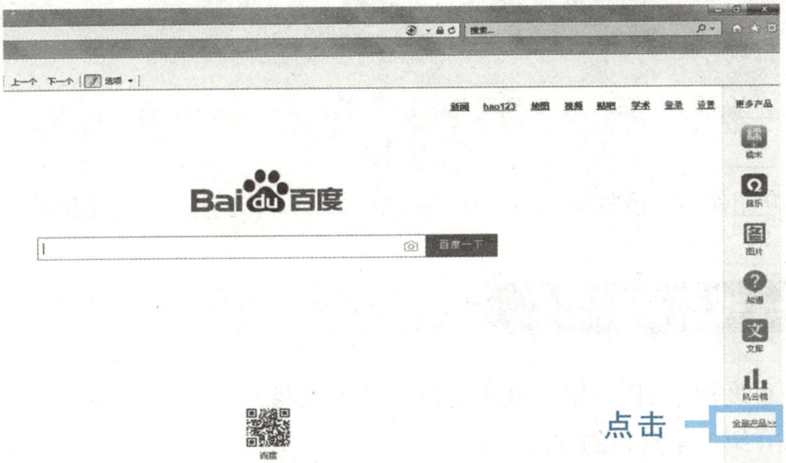

图 2-7

百度搜索引擎的每一个搜索结果都包括标题、摘要和百度快照三部分。点击标题，可以直接打开网页。通过摘要，用户可以判断这个结果是否满足自己的需要。百度快照是该网页在百度的备份，如果原网页打不开或者打开速度慢，可以通过查看快照浏览页面文本内容。

此外，还有“相关搜索”。“相关搜索”提供与当前检索需求相似的其他表达方式。搜索结果不佳，有时候是因为选择的查询词不恰当。百度的“相关搜索”按搜索热门程度排序，提供了其他网络用户关于相关主题搜索时的检索用词。如果当前的搜索结果不佳,可以参考这些相关搜索提示。

百度搜索在技术上还支持拼音提示(即输入查询词的汉语拼音,百度搜索就能把最符合要求的对应汉字提示出来)、错别字提示(搜索时,输入了一些错字、别字,导致搜索结果不佳,系统会在搜索结果上方自动显示提示)、英汉互译词典、个性设置等功能。

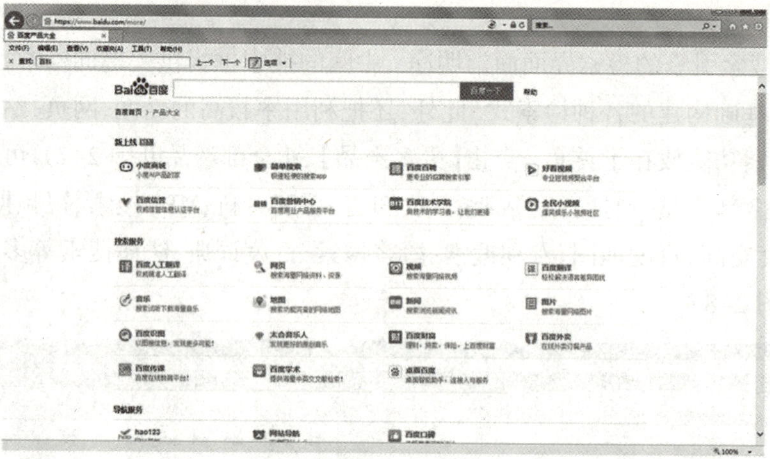

图 2–8

下面介绍使用百度搜索引擎的相关操作方法,以便于用户掌握使用技巧。

一、搜索资料信息

使用百度搜索引擎,用户可快速搜索到各类网页信息,下面以搜索“君子兰栽培”为例,介绍搜索资料的方法。

●启动 IE 浏览器,在地址栏中输入百度首页的网址“https://baidu.com/”,按回车键,进入百度搜索界面。

●在百度搜索文本框中输入准备搜索的关键词,如“君子兰栽培”,点击 百度一下 按钮,即显示出搜索结果,如图 2–9。

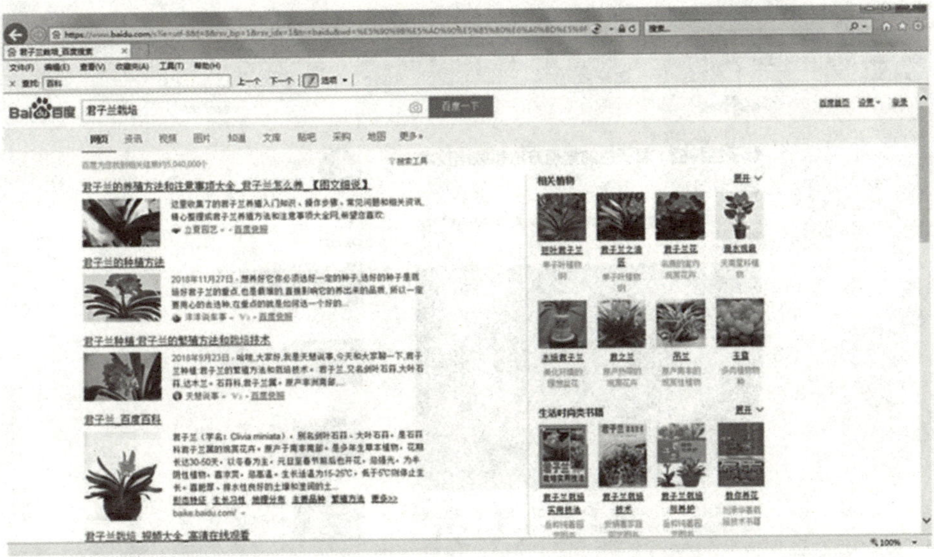

图 2–9

●此时，可以在网页中查看符合搜索条件的内容，对想要查看的内容，用户可以点击该搜索内容的超链接，如图 2–10。

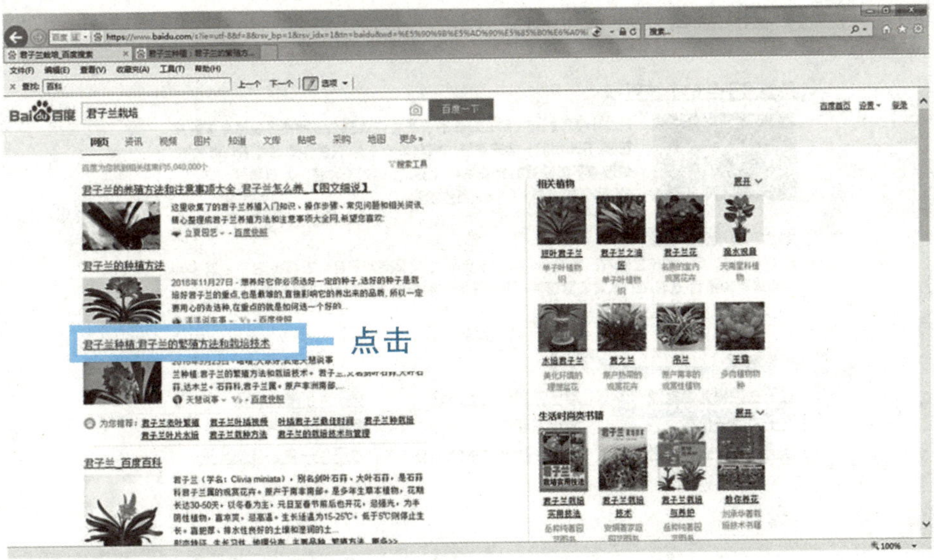

图 2–10

●进入选择的搜索结果所在的网页，窗口中即显示用户准备查看的君子兰相关栽培种植技术的内容，如图 2–11。

君子兰种植：君子兰的繁殖方法和栽培技术
天慧说事
哈喽，大家好，我是天慧说事，今天和大家聊一下，君子兰种植，君子兰的繁殖方法和栽培技术。
相关文章

图 2–11

●在图 2–9 所显示的搜索结果网页中，用户除了可在其中点击相关网页查看其内容外，还可以单击页面最下方“相关搜索”中的超链接，进行更加精确的查找，如选择“君子兰烂根怎么处理”，如图 2–12。

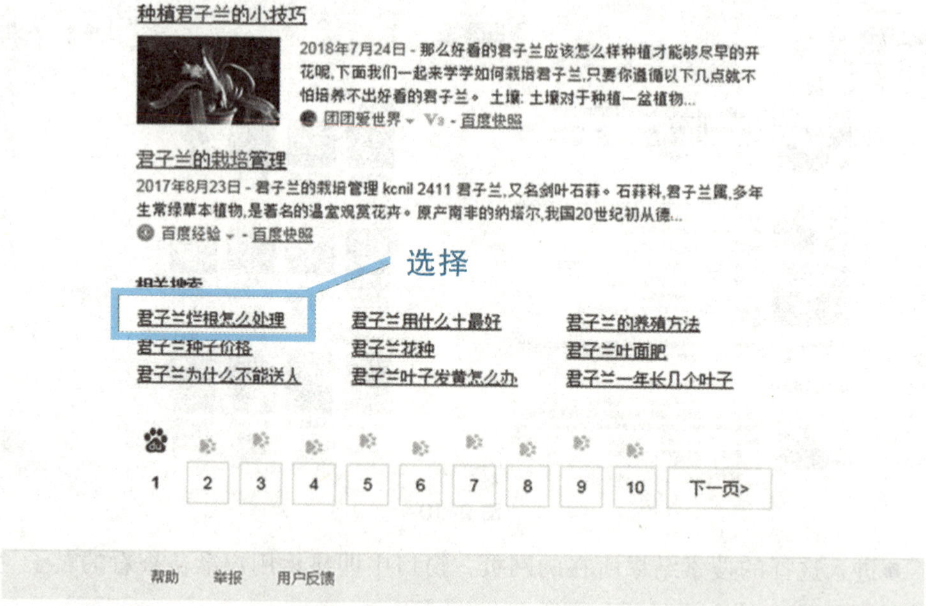
种植君子兰的小技巧
2018年7月24日 - 那么好看的君子兰应该怎么样种植才能够尽早的开花呢,下面我们一起来学学如何栽培君子兰,只要你遵循以下几点就不怕培养不出好看的君子兰。 土壤: 土壤对于种植一盆植物...
团团爱世界 - 百度快照
君子兰的栽培管理
2017年8月23日 - 君子兰的栽培管理 kcnil 2411 君子兰,又名剑叶石蒜。石蒜科,君子兰属,多年生常绿草本植物,是著名的温室观赏花卉。原产南非的纳塔尔,我国20世纪初从德...
百度经验 - 百度快照
选择
相关搜索
君子兰烂根怎么处理
君子兰用什么土最好
君子兰的养殖方法
君子兰种子价格
君子兰花种
君子兰叶面肥
君子兰为什么不能送人
君子兰叶子发黄怎么办
君子兰一年长几个叶子
1 2 3 4 5 6 7 8 9 10 下一页>
帮助 举报 用户反馈

图 2–12

此外，单击百度首页右上方的【设置】超链接，在弹出的列表框中选择【高级搜索】选项，可在【高级搜索】页面中（图 2-13）按照要求填入搜索的详细信息，可以更加精确地搜索到相关界面。

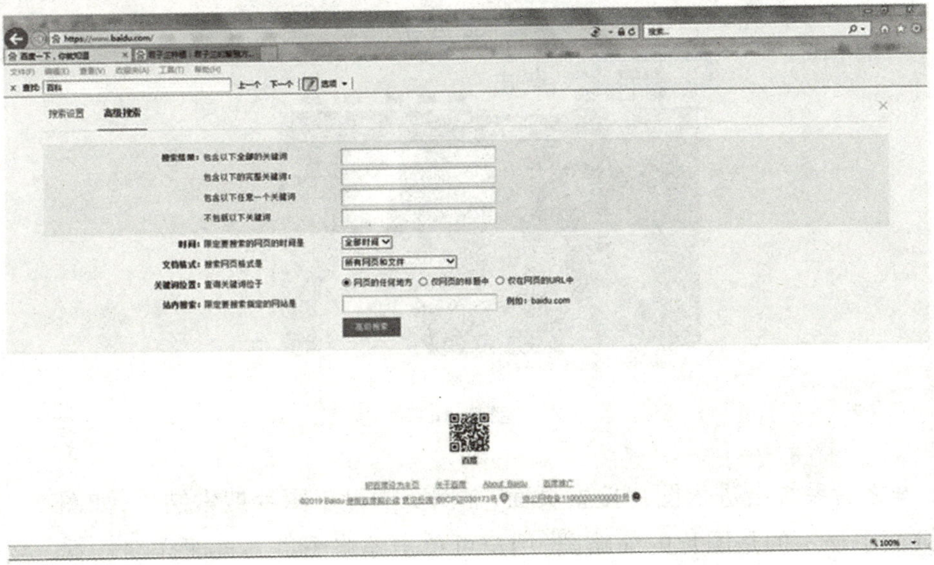

图 2-13

二、搜索图片

互联网上有很多图片，用户可以使用百度搜索引擎搜索这些图片，下面介绍搜索图片的方法。

●打开百度首页，在百度搜索文本框中输入准备搜索的关键词，如“桃花”，点击按钮 百度一下 ，即显示出搜索结果。

●搜索后，系统会默认进行网页搜索，并显示搜索结果。可以看到搜索引擎默认把百度图片放在了搜索结果的第一项，点击第一项的“桃花　百度图片”，即可进入图片搜索页面；也可以点击搜索文本框下面的【图片】链接项，同样能够进入图片搜索页面，如图 2-14。

图 2-14

●之后系统会进入图片搜索页面，在网页中显示图片搜索结果，如图 2-15。该页面中显示的是图片的缩略图，用户可单击缩略图进入页面详细查看。要把搜索到的图片保存到电脑，鼠标放在图片上，点击右键，在下拉菜单中选择【图片另存为】，在弹出的保存图片对话框中修改图片名称、保存位置，即可将图片保存。

图 2-15

三、百度百科

百度百科(https://baike.baidu.com/)是百度搜索引擎中具有特色的搜索功能，在百度搜索首页点击【更多产品】→【全部产品】(图 2–7),在【社区服务】分类项中即可找到。百度百科，正如百度所言，是“全民共同撰写的百科全书”。目前，已收录词条将近 1600 万条。是一个互联网所有用户平等地浏览、创造、完善内容的平台。所有中文互联网用户也能在百度百科里查找到自己想要的各种概念和事件等全面、准确、客观的定义性信息。

百度百科以词条为基础单位。每一词条有一个单一的主题，用于阐述一件事物、一个人物或特定的主题。以类似百科全书的要求，由互联网用户自由编撰，但是，对于所编撰信息的内容和质量，管理员会进行一定的把关和监控。

百度百科页面首页如图 2–16，在该页面检索栏输入“滴灌”，点击【进入词条】，搜索结果如图 2–17，可以看到对“滴灌”这个词较为详细、系统的解释，而且页面下方还会标明词条解释的文献来源。

图 2–16

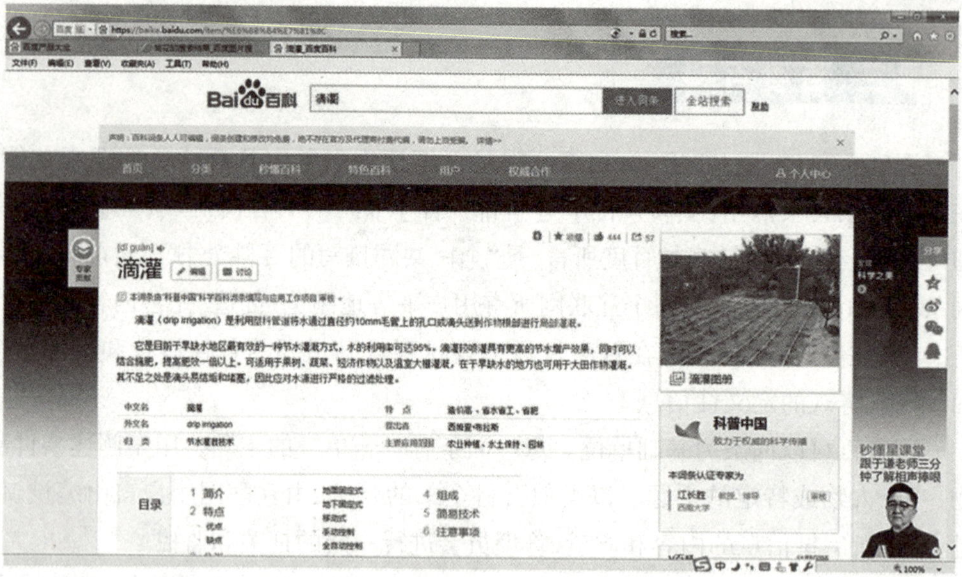

图 2–17

第四节 常见问题及解决办法

一、如何使用微软必应下载漂亮的壁纸

●打开 IE 浏览器，在地址栏输入网址（https://cn.bing.com/），进入微软必应首页，点击切换到“国内版”，点击左上角的【图片】，如图 2–18。

图 2-18

●进入图片页面，可以拖拽滑动条浏览图片，如图 2-19。

图 2-19

●点击进入任一分类并选择喜欢的图片，将鼠标放在图片上并点击鼠标右键，在弹出的列表中用鼠标左键点击选择【图片另存为】，将图片保存到计算机指定的位置，如图 2-20。

图 2-20

二、如何设置百度搜索

在使用百度搜索时，可以通过设置百度搜索来调整一些搜索选项。

●打开 IE 浏览器，在地址栏输入百度地址（https://www.baidu.com/），进入百度搜索首页，点击右上角的【设置】→【搜索设置】，如图 2-21。

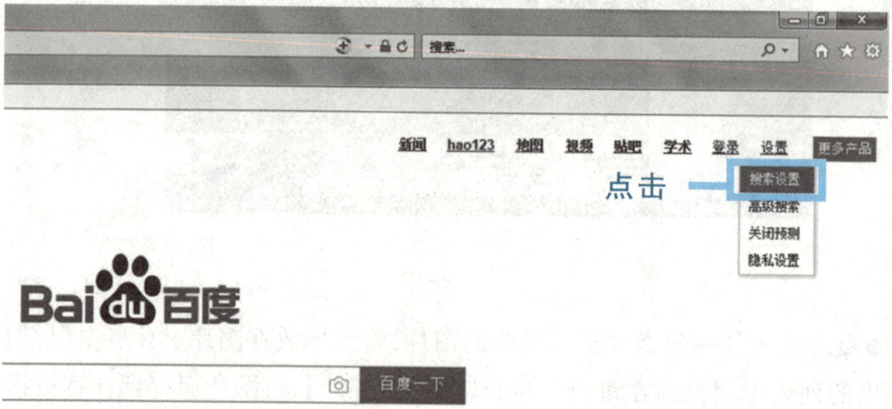

图 2-21

●在搜索设置页面设置搜索框提示、搜索语言范围、搜索结果显示条数等，点击【保存设置】按钮完成设置，如图 2-22。

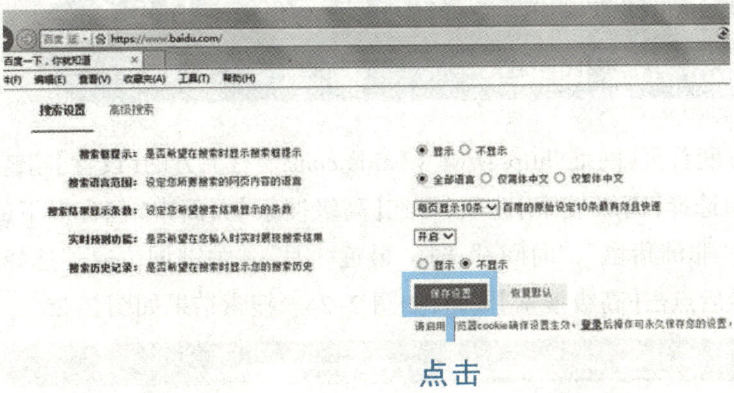

图 2-22

三、如何搜索电影《手机》，而不是通信工具的手机

在使用百度搜索时，中文书名号是可被查询的。加上书名号的查询词，有两层特殊功能：一是书名号会出现在搜索结果中；二是被书名号括起来的内容，不会被拆分。

例如，搜索电影《手机》，加上书名号后，搜索结果就都是关于电影《手机》方面的了，如图 2-23。

图 2-23

四、如何搜索近一个月内发布的，题目包含“非洲猪瘟”的文章

点击百度首页（网址“https://www.baidu.com/”）右上方的【设置】超链接，在弹出的列表框中选择【高级搜索】选项，可在【高级搜索】页面中“包含以下的完整关键词:”处填写“非洲猪瘟”，“时间:”选择“最近一月”，“关键词位置:”选择“仅网页的标题中”，最后点击【高级搜索】按钮，如图 2-24。搜索结果如图 2-25。

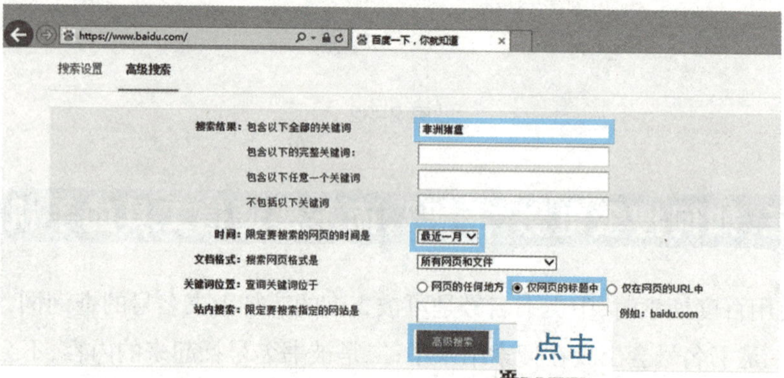

图 2-24

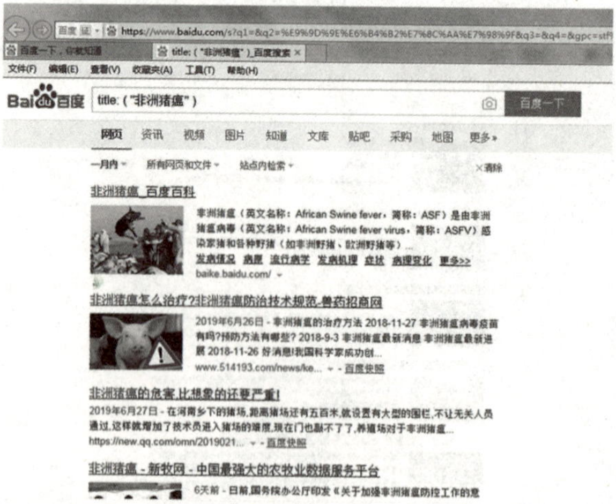

图 2-25

五、遇到不会的英文单词如何进行在线翻译

打开 IE 浏览器，进入百度首页（网址“https://www.baidu.com/”），在搜索栏输入“在线翻译”即可看到多个在线翻译网站，均可支持多种语言的翻译，如图 2-26。

常用的在线翻译网站：

百度翻译：https://fanyi.baidu.com/

Google 翻译：https://translate.google.cn/

有道翻译：http://fanyi.youdao.com/

爱词霸：http://www.iciba.com/

搜狗翻译：https://fanyi.sogou.com/

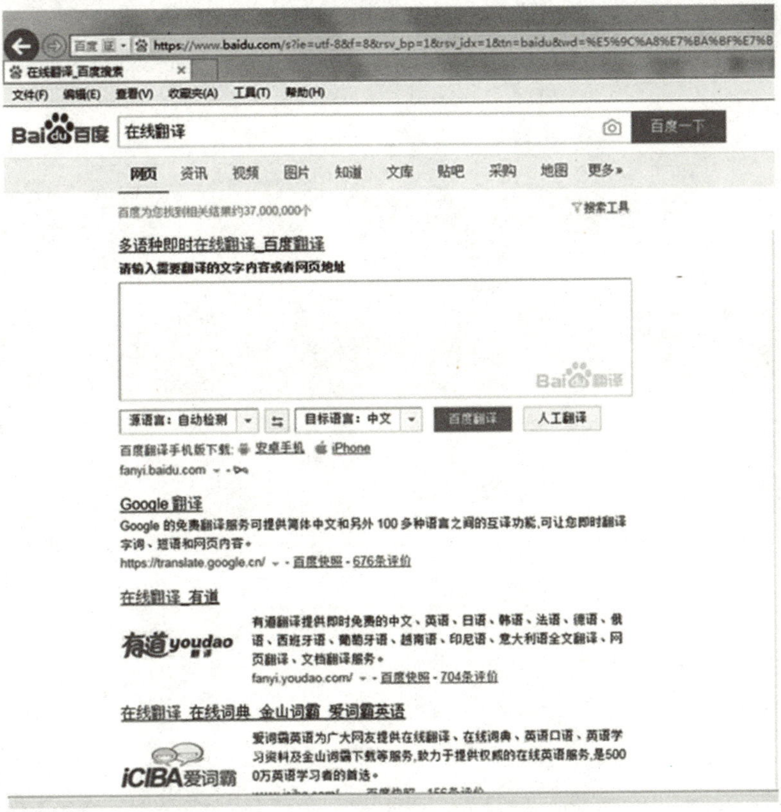
在线翻译_百度搜索
文件(F) 编辑(E) 查看(V) 收藏夹(A) 工具(T) 帮助(H)
在线翻译
百度一下
网页 资讯 视频 图片 知道 文库 贴吧 采购 地图 更多»
百度为您找到相关结果约37,000,000个
搜索工具
多语种即时在线翻译_百度翻译
请输入需要翻译的文字内容或者网页地址
源语言：自动检测
目标语言：中文
百度翻译
人工翻译
百度翻译手机版下载：安卓手机 iPhone
fanyi.baidu.com
Google 翻译
Google 的免费翻译服务可提供简体中文和另外 100 多种语言之间的互译功能，可让您即时翻译字词、短语和网页内容。
https://translate.google.cn/ - 百度快照 - 676条评价
在线翻译_有道
有道翻译提供即时免费的中文、英语、日语、韩语、法语、德语、俄语、西班牙语、葡萄牙语、越南语、印尼语、意大利语全文翻译、网页翻译、文档翻译服务。
fanyi.youdao.com/ - 百度快照 - 704条评价
在线翻译_在线词典_金山词霸_爱词霸英语
爱词霸英语为广大网友提供在线翻译、在线词典、英语口语、英语学习资料及金山词霸下载等服务，致力于提供权威的在线英语服务，是5000万英语学习者的首选。

图 2-26

第三章

互联网搜索农业信息的途径

互联网信息来源丰富、内容多样，农民朋友可以从多种途径搜索，获取所需的农业相关信息。但是在浏览这些信息时要仔细甄别，选择政府网站、知名媒体网站、学术机构网站等，并可保存一些常用的网站及数据库随时浏览，及时获取最新信息。

第一节　农业网站

近年来，很多农业机构纷纷在互联网上建立站点、发布信息，并且其数量呈现几何级增长。

一、政府机构网站

政府机构网站是政府实施政策引导、进行信息发布的窗口。它为广大涉农机构提供全社会信息服务。主要负责定期向社会发布政策法规、统计数据、市场动态等，为用户提供宏观决策信息。

（一）中华人民共和国农业农村部（http://www.moa.gov.cn/）

中华人民共和国农业农村部官方网站，主要栏目有国务院信息、农业农村部动态、时政要闻、政务服务等，是用户关注涉农政策信息的有效途径。中华人民共和国农业农村部网站的首页如图 3–1。

图 3–1

（二）中国供销合作网（http://www.chinacoop.gov.cn/）

中国供销合作网是由中华全国供销合作总社主办的网站，是国内农业生产资料流通方面的重要网站。提供的信息内容主要包括各地供销合作社网站链接、行业博览、媒体关注、直属快讯、工作动态、专题阅读、三农要闻、通知公告、政策解读、乡村振兴、农村金融、脱贫攻坚等。中国供销合作网的首页如图 3–2。

图 3–2

（三）天津科技（http://kxjs.tj.gov.cn/）

天津科技是由天津市科学技术局主办的网站，通过整合天津市科学技术局及科技系统各类资源，实现天津市科学技术局行政职能向电子化、网络化转变，旨在打造一个便捷、共享、安全的“一站式”科技服务平台。网站以“政务公开、办事服务、公众互动”三大栏目为基础，突出“天津科技”移动客户端、“天津科技”舆情监控系统、“天津科技”场景式服务等若干功能。“天津科技”已发展成为天津市科技领域的关注焦点，影响力辐射华北。网站可以查询到天津市科技政策、天津市科技成果统计数据、天津市科技奖励项目等信息，其中包括了农业科技的相关信息。天津科技网站的首页如图 3–3。

点击天津科技首页图 3–3 上方导航栏【政务公开】分类里的【科技统计】，打开的页面如图 3–4，可以查询历年《天津科技统计年鉴》、各区县技术交易情况、各时间段的科技成果统计等信息。

图 3-3

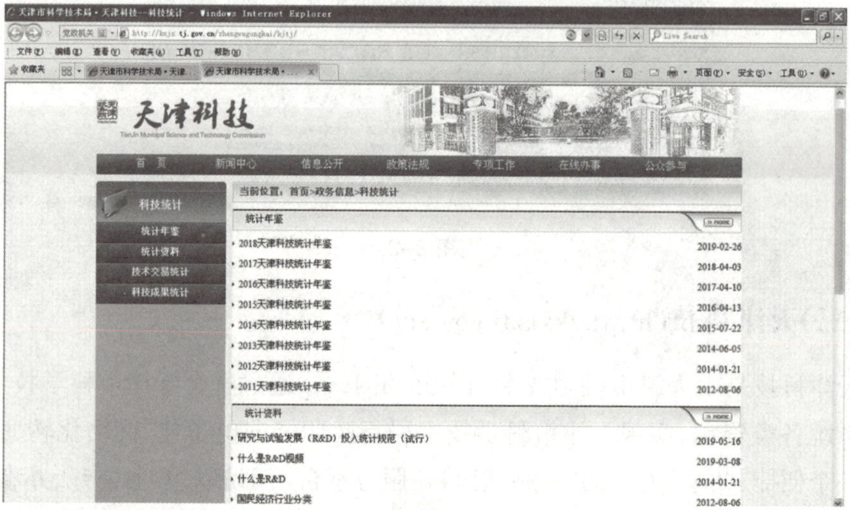

图 3-4

（四）天津市农业农村委员会（http://nync.tj.gov.cn/）

天津市农业农村委员会主办的网站，网站信息划分为【党建专栏】【政务公开】【政民互动】【乡村振兴】【四区两平台】【四个全覆盖】【专题专栏】七个栏目，其中“专题专栏”栏目中可以查询到天津市知名农产品品牌、天津市农产品价格行情、天津市龙头企业名单、农业农村部定点市场基本情况、困难村帮扶工作情况等信息。天津市农业农村委员会网站首页如图 3-5。

图 3-5

点击首页上方的【专题专栏】,选择【知名农产品品牌】,如图 3-6。继续点击进入各区县的知名农产品品牌名单,可以查看各品牌的品牌名称、单位名称、联系人及联系方式。

图 3-6

二、涉农机构网站

互联网给包括农业在内的各类学科、专业提供了广阔的信息资源利用空间，为广大的农业科技工作者提供了前所未有的信息资源共享环境，各种涉农机构纷纷建立网站。互联网上的农业信息主要包括各种农业政策、新闻、简报、科技文献、农林成果、农产品贸易、农产品价格、农业管理、科研软件、专家咨询、交易平台等，其更新速度快，时效性强。

（一）中国农业信息网（http://www.agri.cn/）

中国农业信息网是中国农业农村部信息中心主办的网站，目前已经形成以多个精品频道、专业网站及全国各省（自治区、直辖市）农业网站为一体的，全国各级政府农业网站联网运行，具有权威性和广泛影响的国家农业综合门户网站。

中国农业信息网发布国家农业农村部令、农业农村部公告和农业农村部工作通报等宏观管理信息，以及报道农业要闻。作为农业农村部实施政府信息引导的渠道，每日采集发布全国主要农副产品批发市场价格，定期发布主要农产品市场分析预测报告，提供可以在线检索查询的实用技术、新优品种、合作项目、名牌产品等。另外，还建立了和各类专业农业网站及全国各省（自治区、直辖市）农业网站的链接。用户可以非常方便地查找自己所需要的信息，掌握最新的农业政策、生产技术，极大地满足了用户的需求。中国农业信息网的首页如图 3–7。

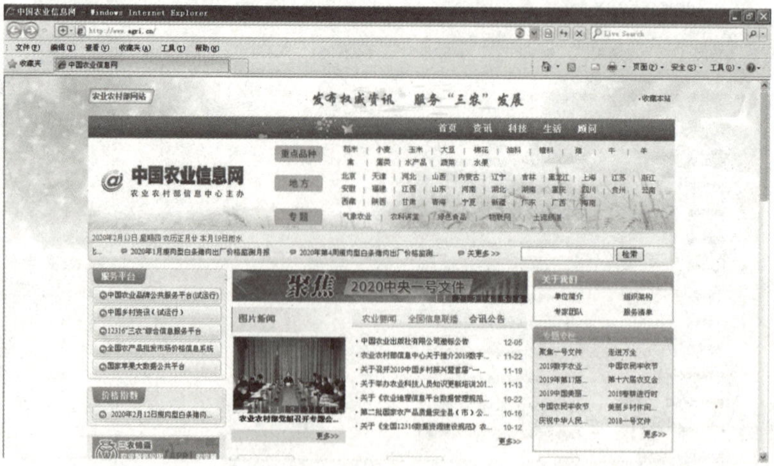

图 3–7

（二）中国兴农网（http://www.xn121.com/）

中国兴农网是由中国气象局公共气象服务中心主办的网站，为农民提供公益服务信息。网站以文字、图片和视频等多种形式，突出农事气象资讯的专长与特色，加强兴农热点、灾害防御、兴农工具、兴农市场行情等栏目与内容建设，不断增加为农村、农民的服务项目，提升服务水平。中国兴农网的首页如图 3–8。

图 3–8

（三）中国农业科技信息网（http://www.cast.net.cn/）

中国农业科技信息网是由中国农业科学院主办的网站，主要栏目有【资讯】【科技】【服务】【科普】【资源】【视频】等，如【科普】栏目回答了很多养殖技术问题。中国农业科技信息网的首页如图 3–9。

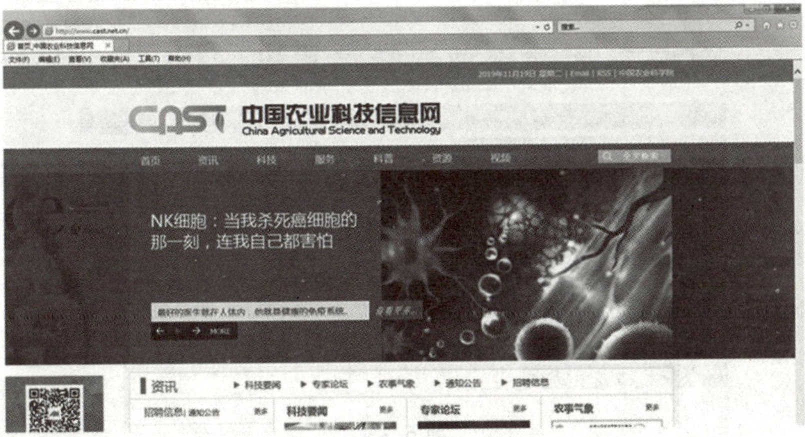

图 3–9

点击首页页面上方的【科普】栏目，进入科普信息网页如图 3-10。

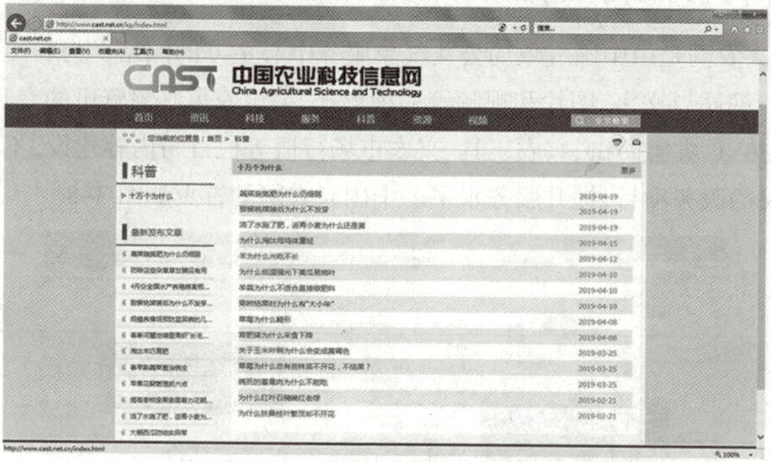

图 3-10

（四）天津农业科技信息网（http://www.tjagri.ac.cn/）

天津农业科技信息网是由天津市农业科学院信息研究所主办的网站，主要栏目有【农业资讯】【生产指导】【农业科技】【前沿农业】【涉农政策】【文献资源】【农业报刊】等。其中【专家论坛】发布了我国各地农业专家的科研成果。【科海译讯】报道了国外一些最新的农业新技术新成果，【新技术与新产品】介绍了天津市农业科学院选育的农产品品种等。天津农业科技信息网的首页如图 3-11。

图 3-11

（五）农博网（http://www.aweb.com.cn/）

农博网是由北京农博数码科技有限责任公司开发的网站，是集行业在线媒体与专业性农业商务于一体的综合服务平台，前身是 1999 年成立的中国农网，2002 年更名为农博网。农博网一直坚持以“服务农业、E 化农业”为己任，为广大用户提供农业资讯服务。网站打造了【行业资讯】【数据中心】【报价中心】三个特色查询平台，首页页面上方的【农博行业】报道了畜牧、种业、肥料、饲料、农药等各行业的市场动态信息。农博网的首页如图 3-12。

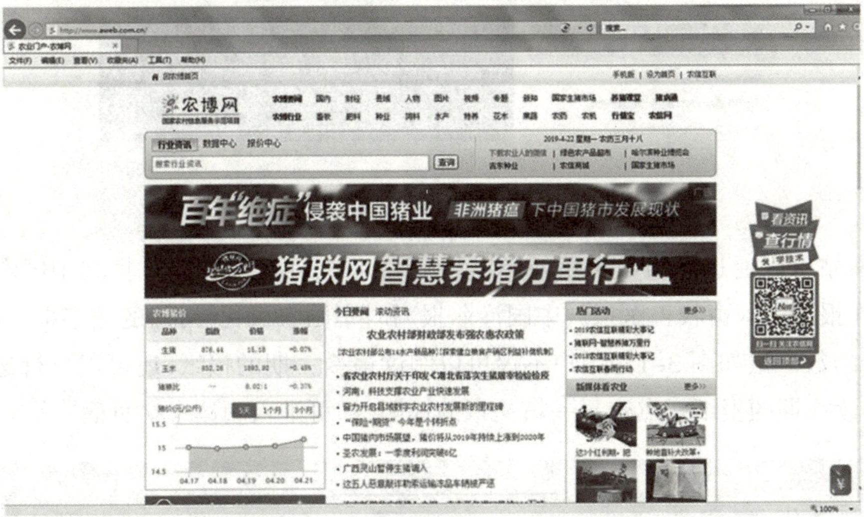

图 3-12

三、媒体网站

现在，很多报纸媒体建立了网站，通过网络发布信息和读者在线进行交流，有些网站还可以阅读数字报，十分方便。

（一）中国农网（http://www.farmer.com.cn/）

中国农网是农民日报社主办的“三农”网络服务平台。网站在保持农民日报“三农”报道权威性的同时，充分发挥互联网特性，采用文字、图片、动漫、短信等方式，依托《农民日报》《中国现代企业报》等报纸、“中华全国农民报协会”和各省市会员单位的采编力量，向全世界发布信息。中国农网的首页如图 3-13。

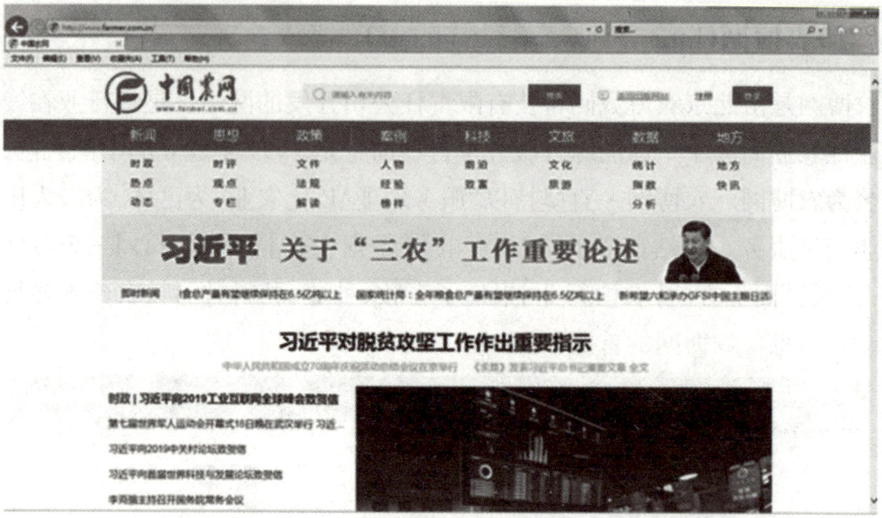

图 3–13

网站可以通过点击数字报的超链接(图 3–14),阅读《农民日报》《中国农村信用合作报》《中国畜牧兽医报》《中国渔业报》和《中国农机化导报》的数字报。《农民日报》的数字报如图 3–15,用户不仅可以阅读最新一期的报纸,还可以自行选择日期,阅读往期的报纸。点击每一篇文章的标题,即可进入阅读全文页面。

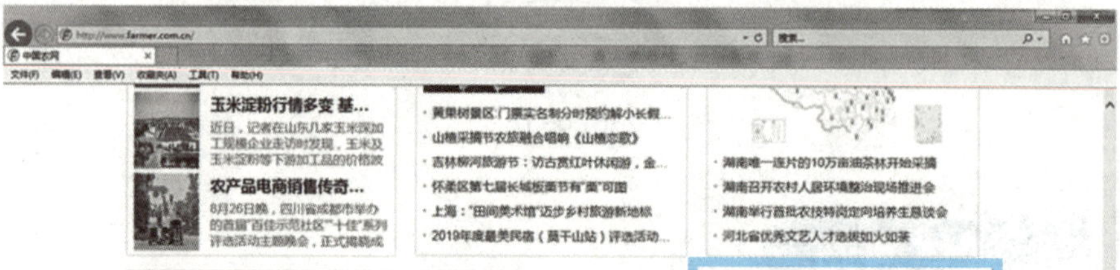

图 3–14

图 3–15

（二）中国花卉网（http://www.china-flower.com/）

中国花卉网是隶属于《中国花卉报》报社的园林花卉行业门户网站。《中国花卉报》1985 年在北京创刊，由国务院直接领导的经济日报报业集团主办，是全国唯一一家国内外发行的中央级的以报道花木产业、园林绿化为主要内容的专业报。同时也是为园林绿化工作者、花木生产经营者、科研工作者及广大花卉爱好者服务的报纸。

中国花卉网作为《中国花卉报》的延伸，秉承服务行业、引导市场、舆论监督的企业宗旨，设立了【新闻】【达人】【专题报道】【报价中心】【产品展示】【信誉企业】【展览会议】【供求信息】【团购活动】等与多个行业紧密联系的频道，向业内及时提供各种新闻资讯、专业知识和市场行情。是业内人士展示企业文化和产品的窗口，也是互动、交流、沟通的平台。中国花卉网的首页如图 3–16。

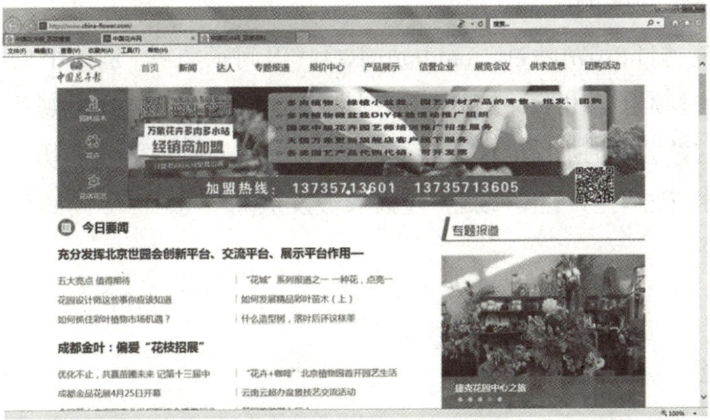

图 3–16

四、网站农业信息汇总

网站的农业信息资源涉及的面非常大,以下进行简单的汇总。如果用户需要查找更多的农业信息,可以借助搜索引擎等工具。

(一)查找作物品种

中国作物种质资源信息网(http://www.cgris.net/):该网站拥有粮食、纤维、油料、蔬菜、果树、糖、烟、茶、桑、牧草、绿肥等340多种作物、47万份种质的信息。

中国农业科技信息网(http://www.cast.net.cn/):该网站【科技】项目下的【品种推介】栏目介绍了许多蔬菜、水果、畜牧等新品种。

天津科润蔬菜研究所(http://www.tjscs.cn/):该网站展示了天津科润蔬菜研究所培育出的花椰菜、白菜、西瓜、甜瓜、辣椒、茄子、芹菜等几大类多个优良蔬菜品种。

天津科润黄瓜研究所(http://www.tjcucumber.com/):该网站展示了天津科润黄瓜研究所培育出的多种黄瓜优质多抗品种。

(二)查找实用技术

中国农业信息网(http://www.agri.cn/):该网站的【实用技术】栏目刊登了多条种植、养殖及加工技术。

中国农业科技信息网(http://www.cast.net.cn/):该网站的【科普】栏目刊登了多条农业生产相关问题的解答。

田间示范秀(http://tv.cctv.com/lm/tjsfx/):《田间示范秀》是在中央电视台17频道,即农业农村频道播出的一档教育培训帮扶类节目。除电视机观看直播外,用户还可以在该网站收看往期节目。该节目展示了农民创业创新发展历程,在田间地头传授关键技术,破解生产经营难题,传播农业发展新理念。

(三)查找价格信息

中国农业信息网(http://www.agri.cn/):该网站左侧【服务平台】下的【全国农产品批发市场价格信息系统】链接,记录了全国各地的【价格行情】【市场动态】等信息。

天津市农业农村委员会(http://nync.tj.gov.cn/):该网站的导航分类【专题专栏】内容下,【价格行情】栏目可查询每日天津市指定市场各种蔬菜的交易价格;【行情分析】栏目可查询每月天津市菜篮子产品市场动态分析。

(四)更多农业相关网站介绍

国家农业科学数据中心:http://www.agridata.cn/

国家水稻数据中心:http://www.ricedata.cn/

中国林业网:http://www.forestry.gov.cn/

饲料网址大全:http://365.feedtrade.com.cn/

花木网址大全:http://www.xhuamu.com/

中国水稻信息网:http://www.chinariceinfo.com/

中国养殖网:http://www.chinabreed.com/

中国畜牧兽医信息网:http://www.nahs.org.cn/

饲料行业信息网:http://www.feedtrade.com.cn/

中华粮网:http://www.cngrain.com/

中国兽药信息网:http://www.ivdc.org.cn/

中国种猪信息网:http://www.chinaswine.org.cn/

鸡病专业网:https://www.jbzyw.com/

中国园林网:http://www.yuanlin.com/

中国水产信息网:http://www.aquainfo.cn/

中国化肥信息网:http://www.china-fertinfo.com.cn/

中国粮油信息网:http://www.chinagrain.cn/

蔬菜网:http://www.vegnet.com.cn/

中国林业信息网:http://www.lknet.ac.cn/

中国农药信息网:http://www.chinapesticide.org.cn/

第二节 网络数据库

以下主要介绍中国知网、维普、万方数据知识服务平台、国家知识产权局及国家标准化管理委员会数据库。

一、CNKI 中国知网

CNKI(China National Knowledge Infrastructure)(http://www.cnki.net/)即中国知识基础设施，简称 CNKI 工程，它是以实现全社会知识资源传播共享与增值利用为目标的国家信息化建设项目，由清华大学、清华同方发起，始建于 1999 年 6 月，如今已建成了世界上全文信息量规模最大的“CNKI 数字图书馆”，并正式启动建设《中国知识资源总库》及 CNKI 网格资源共享平台，通过产业化运作，为全社会知识资源高效共享提供最丰富的知识信息资源和最有效的知识传播与数字化学习平台。

中国知识资源总库展示了网络出版平台针对不同用户需求设计的十大文献出版总库平台和八大行业知识仓库平台。每个总库中涵盖文献的内容广泛，包含了不同文献类型的子库，并提供基于总库特征的跨库检索功能。其中中国学术期刊网络出版总库面向各领域学术研究，整合了学术类期刊、硕博士学位论文、工具书、重要会议论文、年鉴、专著、报纸、专利、标准、科技成果等。CNKI 主页如图 3–17。

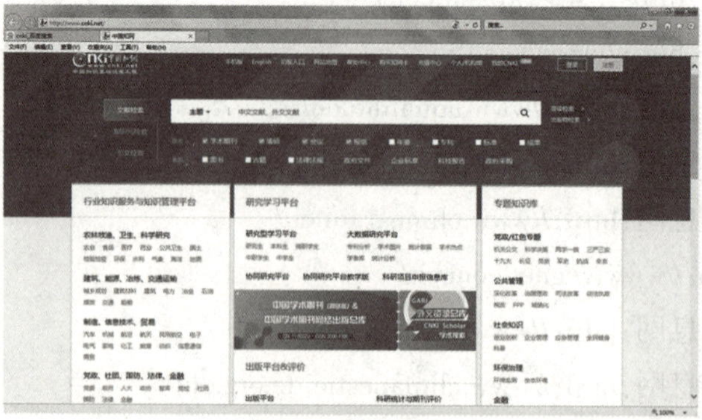

图 3–17

系统提供三种登录方式：①用户登录，要输入正确的用户名和密码，主要适用于个人用户或机构用户；②IP 登录，直接点击【IP 登录】，适用于采用 IP 管理的机构用户；③访客进入，不需点击登录，可直接点击页面链接进入各层页面，适用于非正式用户（非正式用户可访问论文的文摘、来源等信息，但不能查看原文）。

二、维普网

维普资讯系统数据库由重庆维普资讯有限公司开发，通过其网络服务平台维普网(http://www.cqvip.com/)提供镜像安装、网上包库、网上免费检索、流量计费下载、维普阅读、充值卡等多种服务方式，供用户选择使用。非注册用户可以免费检索、浏览题录数据库、文摘信息。所收录的文献分为人文社科、自然科学、工程技术、农林渔牧、医药卫生等。维普网主页如图 3-18。

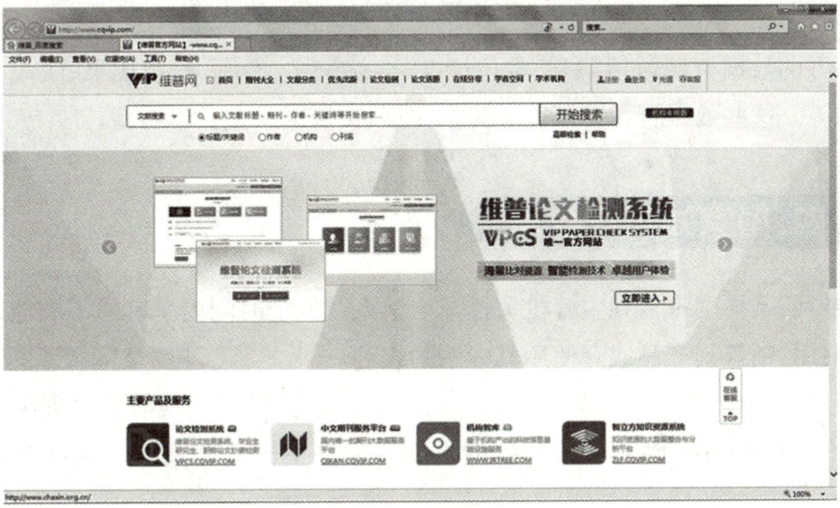

图 3-18

三、万方数据知识服务平台

万方数据知识服务平台(http://www.wanfangdata.com.cn)是在原万方数据资源系统的基础上，经过不断改进、创新而成。万方数据资源系统是北京万方数据股份有限公司开发的大型信息资源服务平台。该服务平台是以科技信息为主，集经济、金融、社会人文信息为一体的网络化数据知识服务平台，非注册用户同样可以免费检索、浏览题录数据库、文摘信息。万方数据知识服务平台主页如图 3–19。

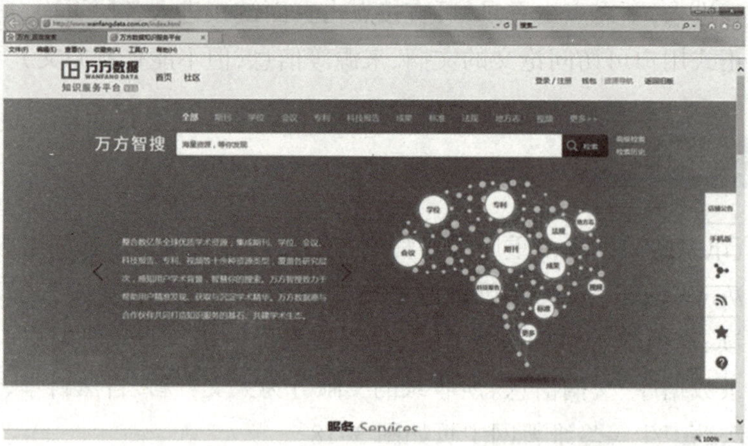

图 3–19

万方的数据资源包括期刊、学位论文、会议论文、专利、科技成果、法规、标准、地方志等。这些数据资源又可区分为全文型、文摘题录型及事实型。

四、国家知识产权局

“专利”是指国家专利主管机关授予申请人在一定时间内享有的不准他人任意制造、使用、销售其产品或者使用其方法的权利。

国家知识产权局网站（http://www.sipo.gov.cn/）提供的专利信息数据库收录了自 1985 年以来所有已公开或公告的近 200 万件中国专利文献。网站主页如图 3–20。

可以通过首页的【专利检索】或【商标查询】来进行专利或商标的检索查询（图 3–20）。其中专利查询需要用户注册，商标查询可直接查询。专利数据库中包含了文本式著录数据、摘要和 TF 图像格式的说明书。该网站专利数据库内容的更新与《中国专利公报》的出版保持同步，即每周二更新一次。

图 3-20

五、国家标准化管理委员会

工农业和工程技术标准是对工农业产品、原材料、工程建设的质量、规格、计量单位、操作规程、检验方法等方面所制定的技术规定，是人们在生产、设计、管理、检验过程中共同遵守的准则。

国家标准化管理委员会网站（http://www.sac.gov.cn/）由国家标准化管理委员会主办。点击主页上方的【服务平台】（图 3-21）即可进入全国标准信息公共服务平台（图 3-22）。该平台提供了国家标准、行业标准、地方标准、团体标准、企业标准等的查询服务，但不能够查询原文。

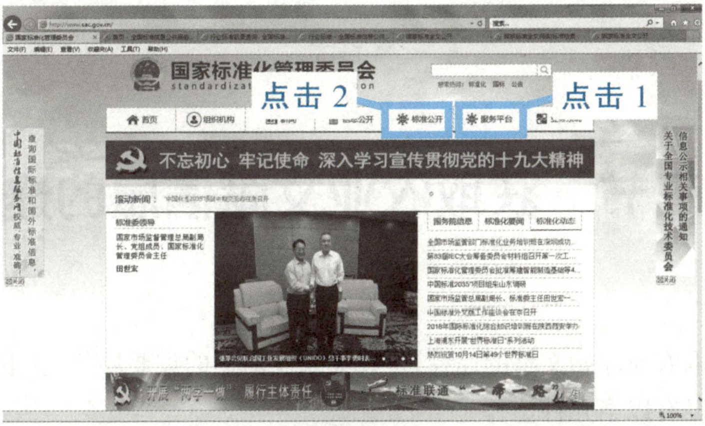

图 3-21

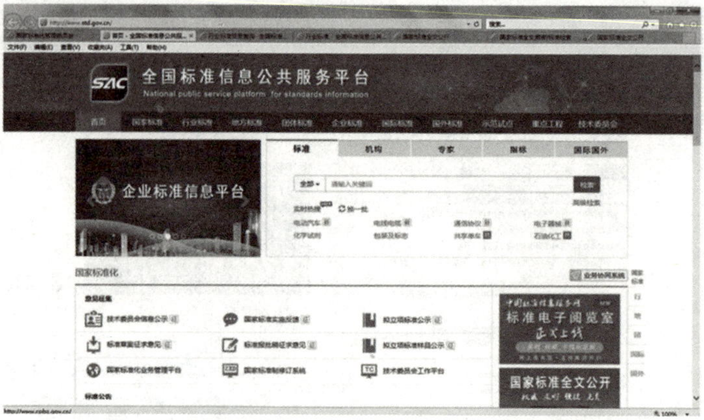

图 3-22

点击主页上方的【标准公开】(图 3-21)可进入国家标准全文公开系统(图 3-23),用户使用该系统可阅读大部分国家标准公告中的国家标准全文。

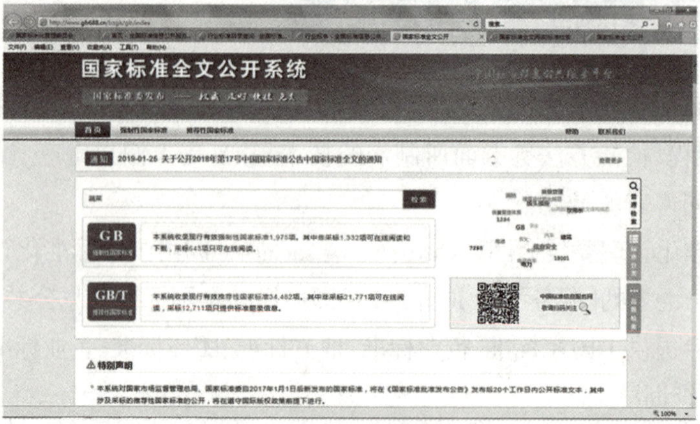

图 3-23

第三节　获取农业文献信息的途径

掌握获取农业原始文献的途径,是收集农业信息的重要环节。获取农业原始文献的主要途径有以下几种。

一、利用网络搜索引擎

互联网上有大量农业信息资源，可以充分利用搜索引擎进行农业全文文献的查找。百度、搜狗、360等都能快速、便利地进行网络搜索。

二、通过全文数据库

在网络飞速发展的今天，通过全文数据库获取农业原始文献是一种快速、有效的手段。随着数据库的全面建设，全文数据库在数量和类型方面都有了很大的发展。如CNKI的中国学术期刊网络出版总库、万方公司的数字化期刊、维普公司的中文科技期刊全文数据库，中国人民大学人大复印报刊资料全文数据库等，可以直接提供期刊文献的全文服务。超星数字图书馆、中国数字图书馆、方正数字图书馆等，可以提供全书的阅读与下载。此外，还有如CNKI的中国科技成果全文数据库、中国报纸全文数据库，以及互联网上的《人民日报》《经济日报》《农民日报》等报社的网址，提供了成果、报纸等文献的全文获取途径。

三、通过电子期刊网址

互联网的高速发展，为电子期刊的检索与利用提供了良好的平台，使其逐渐成为期刊全文获取的又一个主要途径。20世纪80年代末至今，互联网上的网络电子期刊以惊人的速度增长。用户可以像翻阅印刷型期刊那样，在网上浏览需要的论文，并下载到自己的计算机中。这些电子期刊网址中，大部分可以提供免费的全文服务。例如，《生态学报》(http://www.ecologica.cn)、《作物学报》(http://zwxb.chinacrops.org)、《中国农业科学》(http://www.chinaagrisci.com/)、《天津农业科学》(http://tjnykx.paperopen.com/)等。

用户在CNKI、维普等数据库搜索要查看原文的期刊论文，若没有购买并注册，用户无法查看全文，可尝试根据论文来源的期刊名称及卷期号，使用百度等搜索引擎搜索该期刊的官网，在往期期刊索引列表中找到该文章所在的那一期，浏览并下载论文的全文（注：目前只有部分期刊官网能够下载论文全文，且有些期刊官网只上传了部分论文的全文）。

四、直接向作者索要原文

若利用上述途径仍找不到原文，而又急需时，可利用编著者姓名和地址去函或发邮件索要。一般而言，作者都愿意提供原文，因为他们也希望自己的研究成果得到公众的欣赏和肯定。

五、利用文献传递服务

文献传递服务是图书馆或信息服务机构为用户提供文献原文的一种服务方式。图书馆或信息服务机构根据用户的文献获取需求，无法直接找到但又需要的文献原文，在收取合理费用的基础上，以复印、扫描等有效的方式，直接打印或间接存储传递给用户。文献原文的来源一般是图书馆或信息服务机构收藏的，也可以是通过文献共享协议或相关方式从其他文献收藏机构获取的。

第四节　常见问题及解决办法

一、在哪里查找全国农产品的价格信息

打开“中国农业信息网”网站（http://www.agri.cn/），点击网站首页的【全国农产品批发市场价格信息系统】（图 3–24）。在该系统内可查询全国各地【农产品价格行情】【价格报送】【市场动态】【分析报告】【批发市场简介】等信息（图 3–25）。

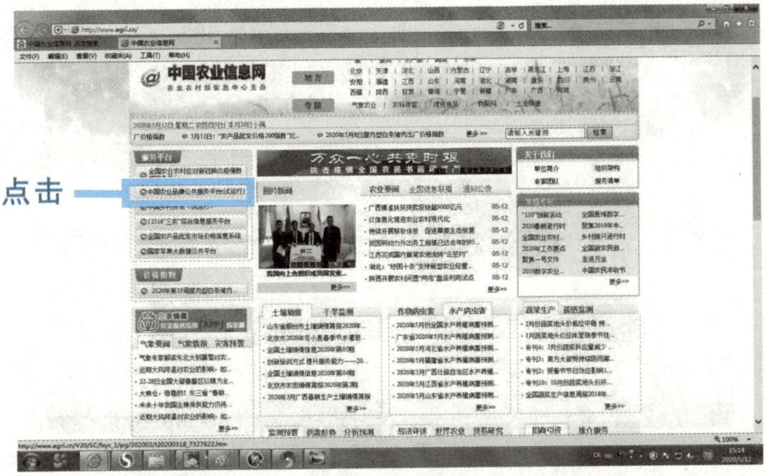

图 3-24

图 3-25

二、在哪里查找天津市农产品的价格信息

打开“天津市农业农村委员会”网站（http://nync.tj.gov.cn/），点击网站首页的【专题专栏】→【价格行情】（或【行情分析】）（图 3-26）。【价格行情】页面可以查询每日天津市指定市场各种蔬菜的交易价格（图 3-27），【行情分析】页面可以查询每月天津市菜篮子产品市场动态分析（图 3-28）。

图 3-26

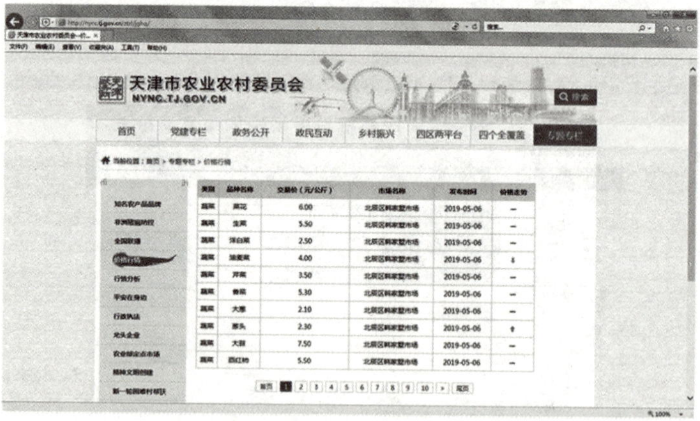

图 3-27

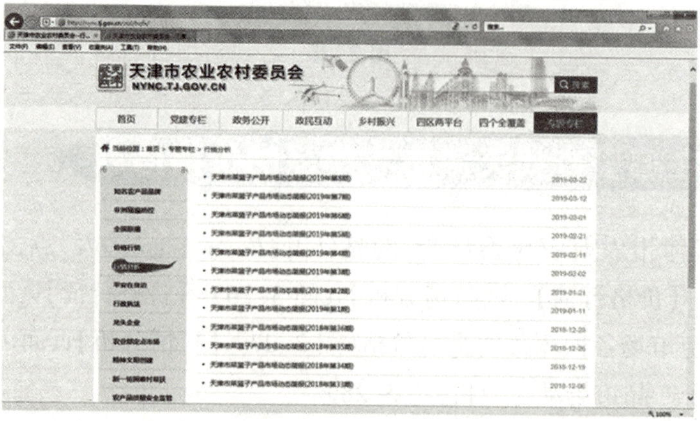

图 3-28

三、如何获取与“甜瓜”相关的期刊论文全文

可以进入“北方园艺”网站(http://bfyy.haasep.cn/)、“天津农业科学”网站(http://tjnykx.paperopen.com/)等提供论文下载的期刊官网进行检索。例如,打开【天津农业科学】首页,在【文章检索】栏目中搜索【甜瓜】(图 3-29)。检索结果如图 3-30,可在该页面点击每篇论文题目下面的【全文下载】,将论文的 PDF 文件下载到电脑指定位置。或者点击该页面的论文标题,进入论文详情页面(图 3-31),浏览论文摘要等信息,确定需要阅读全文再点击下载按钮下载。

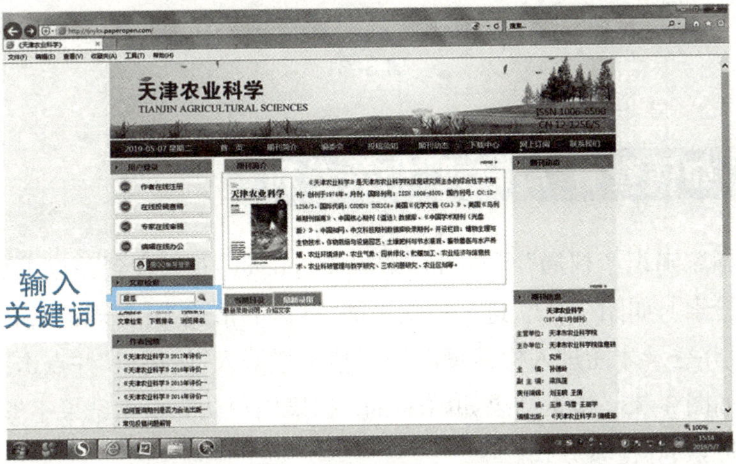

图 3-29

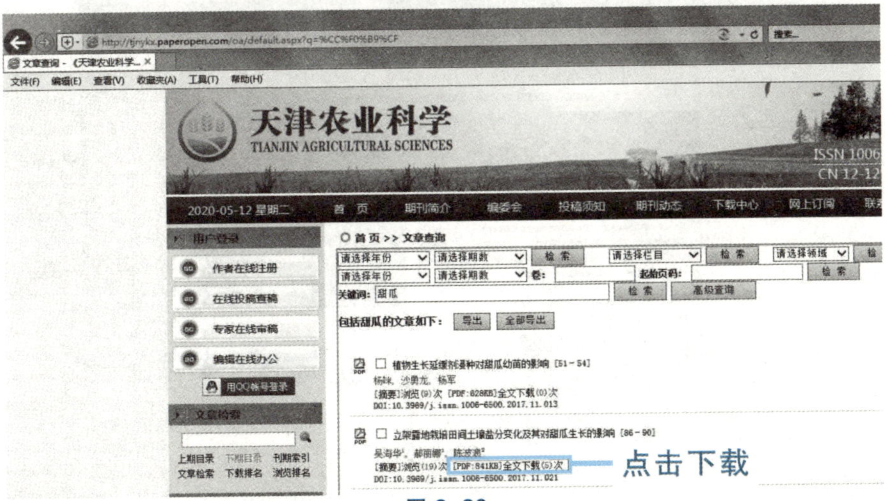

图 3-30

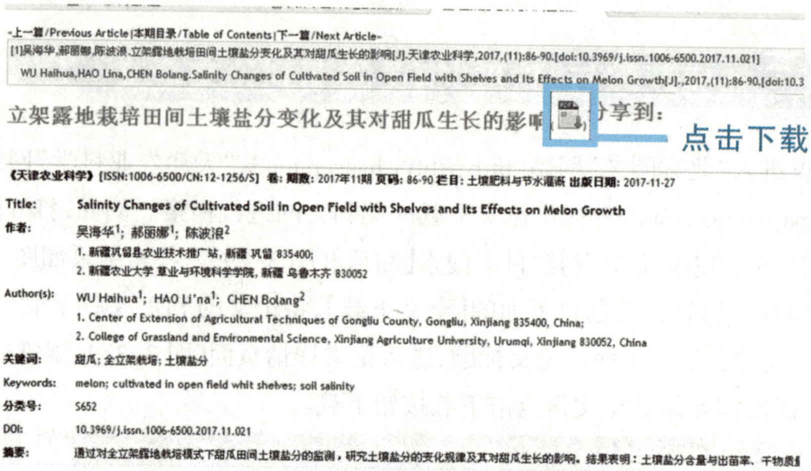

图 3-31

四、如何查看"旋耕机"相关专利

进入"国家知识产权局"网站(http://www.sipo.gov.cn/),找到并点击页面中间位置的【专利检索】,如图 3-32。进入检索页面,默认的格式为【常规检索】(注:需要进行用户注册并登录才能进入检索页面)。在检索栏输入"旋耕机"并点击【检索】按钮进行检索,如图 3-33。检索结果如图 3-34。如果用户认为检索结果不够准确,可以选择【高级检索】等检索方式。

图 3-32

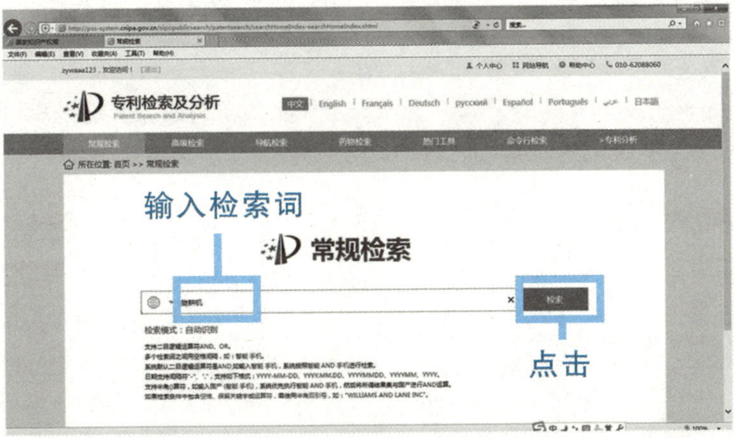

图 3–33

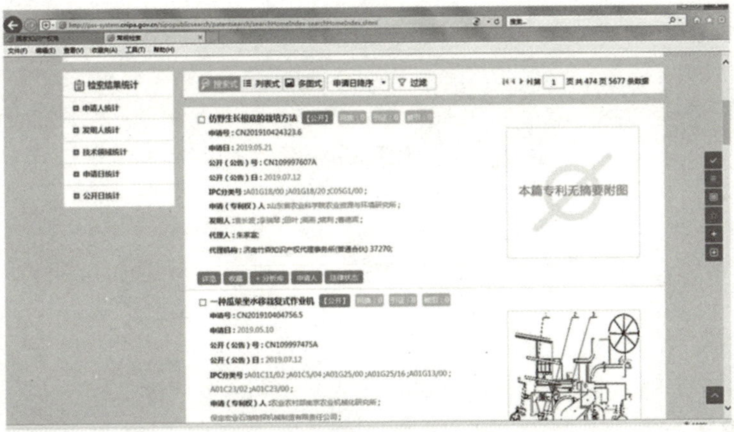

图 3–34

五、哪些报纸可以使用计算机在线阅读数字报

●天津日报数字报纸导航页(http://epaper.tianjinwe.com/):可阅读《天津日报》《每日新报》《城市快报》《新金融观察》等天津日报报业集团所属报刊官网;《人民日报》《光明日报》《经济日报》《中国青年报》《解放军报》等中央知名报刊数字报官网;《北京日报》《解放日报》《南方日报》等各地党报数字报官网。

●中国农网(http://www.farmer.com.cn/):点击下面的【读报】链接,可阅读《农民日报》《中国农村信用合作报》《中国畜牧兽医报》《中国渔业报》《中国农机化导报》。

第四章

智能手机上网的基础知识

智能手机是指以个人电脑形式，具有独立的操作系统，独立的运行空间，可以由用户自行安装软件、导航等第三方服务商提供的服务，并可以通过移动通信网络来实现无线网络接入的手机类型的总称。

第一节 智能手机的操作系统

智能手机具有优良的操作系统,可安装各类软件,以及全触屏式操作这三大特性，给用户带来了极大的方便。智能手机有自身的操作系统，目前,iOS（苹果)、Android(安卓)这两个智能操作系统构成了智能手机的两大阵营。

一、iOS(苹果)操作系统

iPhone 是苹果公司研发的智能手机系列，它搭载苹果公司研发的 iOS 移动操作系统。苹果公司于 2007 年 1 月 9 日的 Macworld 大会上发布了这个系统,最初是供 iPhone 使用的,后来陆续套用到 iPod Touch、iPad 以及 Apple TV 等产品上。iOS 与苹果的 MacOS 操作系统一样,属于类 Unix 的商业操作系统。原本这个系统名为 iPhone OS，因为 iPad、iPhone、iPod Touch 都使用 iPhone OS，所以在 2010 年 WWDC 大会上,宣布改名为 iOS。

二、Android(安卓)操作系统

Android 是一种基于 Linux 自由及开放源代码的操作系统，主要应用于移动设备,如智能手机和平板电脑,由谷歌公司和开放手机联盟领导及开发。它还没有统一的中文名称,中国用户称之为“安卓”。安卓操作系统最初由谷歌工程副总裁 Andy Rubin 开发,主要支持手机。2007 年 11 月,谷歌与 84 家硬件制造商、软件开发商及电信营运商组建开放手持设备联盟,共同研发改良安卓系统。随后,谷歌以 Apache 开源许可证的授权方式,发布了安卓的源代码。第一部安卓智能手机发布于 2008 年 10 月,后逐渐扩展到平板电脑及其他领域,如电视、数码相机、游戏机等。

三、操作系统的升级

在当今这场移动互联网浪潮里,为了竞争市场、提升用户体验、吸引用户,各大国产手机厂商均开发了基于 Android 的特色系统,并已形成了独特风格,如小米的 MIUI,华为的 EMUI。虽然这些国产厂商的系统各有特色,但用户体验永远是最重要的，所以为了更好地提升用户体验，所有手机系统都会不定时推送版本升级信息。目的在于:①推出更具有吸引力的新功能;②增强手机系统的安全与稳定性;③让自家系统在手机市场上保持竞争力。同样,苹果手机的 iOS 系统也会不定时推送版本升级信息。

(一)手机操作系统升级的好处

手机操作系统升级最直观的好处就是版本升级,如电脑使用的 Windows 系统,从当年的 98、2000、XP、Win7 到今天的 Win10,很明显能看到版本升级的好处。手机操作系统也是一样:从安卓 2.2、安卓 2.3 到今天的安卓 8.0、安卓 9.0,系统升级的优点也是显而易见的。手机操作系统升级的好处基本是围绕以下三点。

- 修补系统漏洞,增强系统稳定性与安全性,提高电脑抵抗病毒、木马的能力。
- 优化系统资源,更加充分地发挥手机硬件性能,提高系统的流畅性。
- 增加有趣、实用的新功能,为用户提供更多便利,提升用户体验。

(二)手机系统升级的弊端

并非所有的手机系统升级都是有好处的,也可能会带来弊端。基本上手机系统升级都是在原有系统的基础上打补丁,增加代码,所以会增加系统占用的手机硬件资源,造成手机运行的负担。手机系统升级引起的第一个大问题就是卡顿,除了卡顿之外,新系统的稳定性等都有待考验,所以可能导致手机黑屏、死机。

(三)怎么选择手机系统升级

既然手机系统升级有利有弊，用户可参考以下建议决定是否进行手机系统升级。

▶▶▶大版本先观望，小版本果断更

一般来说，手机系统更新有大版本和小版本之分。大版本的更新往往会有功能性的升级、整个系统的升级以及 UI 和交互逻辑的改变，比如从 MIUI 11 到 MIUI 12。由于大版本通常会有底层系统的改动，所以新版本刚推出的时候，可能会存在耗电、发热、卡顿、Bug 等情况，所以建议大版本更新最好先观望，一是等待其他用户的反馈，二是等官方升级后修复问题再更新。

而小版本通常不会有这些改变。小版本的升级通常会修复用户之前反馈的问题，或者优化系统功能和逻辑，不会对系统流畅度和功耗造成太大影响，所以可以果断更新。

▶▶▶旧机型升级新版本要慎重

一般新版本会随着新硬件一起推出，因此新版本通常会最大化地发挥最新硬件的系统性能。另外，新版本通常对于旧机型的优化并不到位，会导致卡顿、发热等问题，用户想要退回老版本的时候，会发现官方并没有给出降级通道，因此旧机型升级要慎重。

▶▶▶看更新日志

通常厂商会把系统更新说明放在升级页面，所以在升级之前最好看一下更新日志，查看更新了哪些功能。比如修复了哪些 Bug，如果用户恰好遇到了这些 Bug，就可以更新系统；如果用户不需要，那就无须更新，可以等待下一次系统升级。

第二节　什么是无线网络

无线网络是采用无线通信技术实现的网络。无线网络既包括允许用户建立远距离无线连接的全球语音和数据网络，也包括为近距离无线连接进行优化的红外线技术及射频技术，与有线网络的用途类似。两者最大的不同在于传输媒介，无线网

络利用无线电技术取代网线,可以与有线网络互为备份。主流应用的无线网络分为无线局域网(WLAN)、通过公众移动通信网实现的无线网络(如3G、4G)两种方式。

一、无线局域网 WLAN

无线局域网的英文全称是 Wireless Local Area Networks,简称为 WLAN。它是相当便利的数据传输系统。它利用射频(Radio Frequency,RF)技术,使用电磁波,取代旧式双绞铜线所构成的局域网络,在空中进行通信连接,使得无线局域网络能利用简单的存取架构,让用户透过它,达到"信息随身化、便利走天下"的理想境界。

企业无线 WLAN 是一种简单的无线局域网,将一台设备作为防火墙、路由器、交换机和无线接入点。这些无线路由器可以提供广泛的功能,帮助网络抵御外界的入侵。允许共享一个 ISP(Internet 服务提供商)的单一 IP 地址,提供有线以太网服务,和另一个以太网交换机或集线器进行扩展,为多个无线计算机做一个无线接入点,可以为笔记本电脑、手机提供无线网络服务。

WiFi 是 WLAN 的重要组成部分,属于采用 WLAN 协议中的一项新技术。WiFi 的覆盖范围可达 90 米,WLAN 最大(加天线)可以到 5000 米。WiFi 最主要的优势在于可以不受布线条件的限制。并且由于发射信号功率低于手机发射功率,所以无线上网相对也是最安全健康的。

WiFi 信号也是由有线网提供的,比如家里的非对称数字用户线路、小区宽带等,只要接一个无线路由器,就可以将有线信号转换成无线保真信号。

现在,国内无线网络的覆盖范围越来越广泛,酒店、火车站、飞机场、图书馆以及各种大小餐厅等公共区域都有 WiFi 接口。几乎所有智能手机都支持无线上网,在有 WiFi 信号的时候就可以不通过移动、电信(联通)的网络上网,节省流量费。

二、3G、4G、5G 移动通信技术

移动通信技术从第一代的模拟通信系统发展到第二代的数字通信系统, 以及之后的 3G、4G、5G,正以突飞猛进的速度发展。

（一）3G是第三代移动通信技术

3G是将无线通信与国际互联网等多媒体通信结合的一代移动通信系统，3G服务能够同时传输声音及数据信息，速率一般为几百kbps。

中国国内三个无线接口标准分别是，中国电信的CDMA2000、中国联通的WCDMA和中国移动的TD-SCDMA。

3G应用领域：在手机上收发语音邮件、写博客、聊天、搜索、下载图片、彩铃等，通过手机进行视频通话、观看电视、听音乐、在手机上办公、购物、网游等。

（二）4G是第四代移动通信技术

4G能够以100Mbps以上的速度下载，4G的优势为通信速度快、网络频谱宽、通信灵活、兼容性好、提供增值服务、高质量通信、频率效率高、下载速率快、费用便宜等。

4G通信可与3G通信兼容，让更多的现有通信用户能轻易地升级到4G通信。用户可使用各种各样的移动设备接入4G系统中，各种不同的接入系统结合成一个公共的平台，成为社会上多行业、多部门、多系统之间沟通的桥梁。

（三）5G是第五代移动通信技术

5G网络是4G网络的升级版，其理论峰值传输速度可达每秒数个Gb，比4G网络的传输速度快百倍以上。举例来说，一部1G的电影可在8秒之内下载完成。随着5G技术的诞生，用智能终端分享3D电影、游戏以及超高清画质（UHD）节目的时代正向我们走来。

5G网络的主要目标是让终端用户始终处于联网状态。5G网络将来支持的设备远不止是智能手机——它还要支持智能手表、健身腕带、智能家庭设备（如鸟巢式室内恒温器）等。

2018年9月5日，中国联通发布“5G+视频”推进计划，将在5G产业链上开拓更多场景应用。中国电信也与中兴通讯开展合作，完成电信在雄安和苏州地区的5G试验网阶段测试，探索多个行业应用。

而在此之前，三大运营商已经披露了在全国几十个城市进行的试点工作计划。其中，中国联通将在北京、天津、青岛、杭州、南京、武汉、贵阳、成都、深圳、福州、郑州、沈阳等16个城市开展5G试点。中国移动将在杭州、上海、广州、苏州、武汉这5个城市开展5G外场测试。中国电信则将雄安、深圳、上海、苏州、成都等作为试点城市。

2019 年 3 月 30 日，首个行政区域 5G 网络在上海建成并开始试用。

第三节　智能手机如何上网

智能手机连接网络有两种方式，一种是 WLAN 连接，一种是移动连接。下面以安卓系统的智能手机为例，介绍这两种上网方式。

一、手机连接 WLAN

●打开手机，找到并点击【设置】图标，如图 4-1。

图 4-1

●进入设置页面，可以看到很多管理程序，找到并点击【无线和网络】，如图 4-2。

图 4–2

●在无线和网络页面点击【WLAN】,如图 4–3。

图 4–3

●进入 WLAN 设置页面后，将页面上方“WLAN”右边的按钮向右拖动打开 WLAN 连接,可以看到附近可连接的 WLAN 网络,找到需要连接的 WLAN 并点击,如图 4–4。

●在弹出的 WiFi 设置页面中,输入密码,并点击【连接】,即完成 WiFi 的连接,如图 4–5。以后手机搜索到该热点时会自动连接,不必再输入密码。

图 4–4

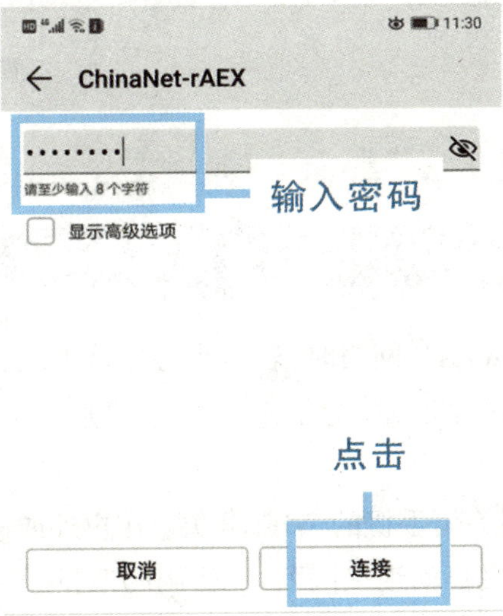

图 4–5

二、手机连接移动网络

●和手机连接 WLAN 步骤相同，进入无线和网络设置页面，点击【移动网络】，如图 4–6。

●进入移动网络设置页面，将该页面【移动数据】右边的按钮向右滑动打开，即完成了移动数据的连接，如图 4–7。

图 4–6

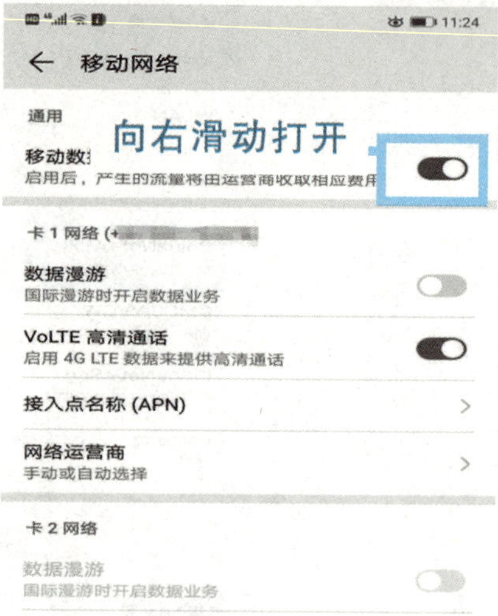

图 4–7

三、连接公共网络时的安全注意事项

●用户在连接公共 WLAN 网络时，若不小心连接上欺骗性的网络热点，有可能会导致财产损失及个人隐私泄露。为了避免这些问题，广大农民朋友应该注意以下几点：

●不使用网络时，要关闭手机的 WiFi 开关。在户外或进入公共场所时，不要打开 WiFi 开关，以防止手机自动连接同名、无密码的 WiFi 及非法 WiFi。

●如果在同一区域有多个名称相似的 WiFi 热点，一定要注意仔细辨别名称的大小写、空格等信息，以免在选择时不小心连接到名称类似的钓鱼 WiFi。

●在使用公共场所免费 WiFi 时，不要进行网银登录或转账、手机支付等与个人财产有关的操作。

●在使用公共场所免费 WiFi 时，不要下载并安装来历不明的程序。

第四节　智能手机的使用资费

目前,人们使用智能手机一般需要支付的费用有:打电话、发短信需要支付的费用;使用无线网络需要支付的费用;在手机上看书、观看视频、打游戏等,有的网站和 App 也会收费。

一、运营商推出的各类合约套餐

为了赢得用户,中国移动、中国电信和中国联通等无线网络运营商先后推出了很多不同种类的合约套餐,这些套餐将拨打通话、发短信、上网等基本费用捆绑在一起,用户可以根据自己的使用需求购买套餐。

二、缴费途径

(一)无线网络经销商的零售门店缴费

中国移动、中国电信和中国联通等无线网络经销商的零售门店遍布全国各地,用户可随时就近选择相应的门店进行缴费。

(二)进村入户服务站代充值

农业农村部门为了推动农村信息化的发展,在很多农村设立了信息进村入户服务站,这些服务站的便民服务可帮助广大农民朋友缴费充值。

(三)在智能手机上缴费

在微信上关注中国移动、中国电信和中国联通的官方微信公众号,进入公众号,点开充值按钮,出现各种充值栏目,用户选择自己需要的栏目进行充值,输入充值金额,通过微信账户支付。或者也可以通过中国移动、中国电信、中国联通的网上营业厅以及手机淘宝 App 进行充值缴费。

（四）节省智能手机费用的办法

在家里或公共办公地点，手机使用自有 WLAN 上网不收费，或者可以购买 WLAN 网络（中国移动、中国电信、中国联通以及其他二级网络运营商，如长城宽带，一般可以按年付费，安装无线路由器后发射的无线 WLAN 可供电脑、手机上网使用），其资费一般远低于移动数据。

无线移动数据是按流量收费的。当使用无线移动数据的时候，完成了必要的上网项目后可关闭手机移动数据功能，这样可以减少或停止网络隐蔽软件在后台的运行，减少移动数据的消耗。

第五节　常见问题及解决办法

一、用户如何根据需求购买智能手机

智能手机是一个工具，并不是功能越多越好，因此用户在选购时要根据个人的需求。

▶▶▶普通需求的购买用户

对于注重通话和收发短信需求的用户，需要选择一款电池毫安数足够大的机型。

▶▶▶有办公需求的购买用户

对于需要经常在手机上简单处理文件的用户来说，云端同步+本地文件管理系统显然要比单独的云端重要。对 Office 的支持程度也会影响移动办公的效率。因此，开放性极强的 Android 是较好的选择。

▶▶▶体验游戏性能的用户

对于优先考虑游戏性能的用户，可首选 iPhone，其次选择 Android，不选择

Windows Phone。因为在游戏方面，iPhone 遥遥领先于所有的对手，尽管 Android 在游戏数量上并未被落下太多，但是游戏质量无法和 iPhone 上层出不穷的高质量游戏相媲美。如果用户在社交和应用方面考虑较多，那么 iPhone 和 Android 都能满足大部分人的需求。

二、用户如何根据硬件购买智能手机

在选择一款合适的智能手机时，不需要把硬件参数看得过重。至今，智能手机上没有处理大型任务的需求，因此过高的硬件参数没有用武之地。

▶▶▶考虑屏幕尺寸

屏幕的作用是呈现内容，因此大尺寸、高分辨率的屏幕在内容显示上表现出天然的优势，无论是图片、文字还是网页都有着很好的显示效果。但大屏幕、高分辨率有耗能严重、体积大、不便携带等问题。因此，对屏幕的选择可以从视觉效果、能量消耗和体积大小三方面考虑。如果喜欢大屏幕的手机，在网上购买之前，可以先去实体手机售卖商铺参考大小尺寸，选择适合个人使用的智能手机，避免不方便携带造成的尴尬。

▶▶▶考虑摄像头

拍照成像是一个非常复杂的过程，光圈、像素数等参数只是其中的参考环节。单纯高像素也不代表一定有清晰的拍摄效果，可综合考虑进行选择。

▶▶▶考虑 CPU

处理器核心数量和时钟频率是移动设备处理器最主要的参数，和摄像头中的光圈与像素数一样，只是决定处理器性能的参数之一。过高的 CPU 能耗会很快耗尽电池，优秀的能耗管理有时比运算能力更重要。CPU 的性能只有在极低的时候才会成为手机体验的“瓶颈”，所以不要被某些单一的 CPU 参数所迷惑。

三、如何给智能手机“瘦身”

使用智能手机的用户经常会遇到这样的问题，手机内存明明空间很大，自己也没有下载什么东西,但内存却在日渐变小,严重时运行非常缓慢甚至导致手机死机。清理内存以后,很快又提示内存不足。下面介绍几个给手机快速瘦身的方法。

▶▶▶使用手机管家

手机中自带的手机管家,是一个专门对手机进行清理的工具。用户可以打开手机管家,找到清理加速的功能,释放空间。如果用户想要深度清理的话,可自行选择深度清理的内容,但是删除的内容就不会再有了,所以要谨慎选择。

▶▶▶文件管理

文件管理中一般会有图片、音频、视频、文档以及压缩包等分类,所以用户想要删除哪个就可以自行点开指定的分类,选择删除即可。

▶▶▶清理 App 缓存

对一些常用的社交软件、视频 App,如微信、QQ、快手、抖音等,缓存很占用内存空间,定期清理 App 缓存可有效释放手机内存。以微信为例,可自行选择联系人的聊天记录进行删除,或者打开微信,点击【我】→【设置】→【通用】→【微信存储空间】,选择占用空间的内容并删除。

▶▶▶使用安全软件

360 手机安全卫士、腾讯手机管家等都带有清理加速的功能。

▶▶▶手机重新启动

手机重新启动不仅可以有效释放缓存空间,还可以保证系统的有效运行,同时还要注意关闭一些自启动应用。

四、日常如何保养智能手机

▶▶▶保持手机干燥、清洁

注意不要让手机进水和湿气,不要在有灰尘或不干净的地方使用或存放手机。

▶▶▶注意手机的使用环境

不要将手机搁置在过热或过冷的地方,高温会缩短电子器件的寿命,毁坏电池,使有些塑料部件变形或熔化。过冷会使手机形成潮气,从而对电路板造成损害。

▶▶▶注意保存好手机及其部件

不要扔放、敲打或粗暴地对待手机,会毁坏内部电路板。

▶▶▶不要私自拆开手机

若手机或其任何部件不能正常工作,应马上关掉电源,然后将手机送去专业人员处理。

▶▶▶充电器及电池充电

使用原厂或声誉较好品牌的充电器,锂电池要用锂电池专用充电器,并遵照指示说明,否则会损坏电池,甚至发生危险。在给电池充电时,尽量使用专用插座,不要将充电器与电视机等家电共用插座。

五、手机是怎么定位的

手机定位主要有以下四种方式。

▶▶▶基站定位

我们的手机想要打电话,必须要有信号,也就是说要连接附近的通信基站。普通的通信基站,就是一座铁塔,不过现在市区的很多基站为了美观会被伪装成大树。

▶▶▶GPS 定位

GPS,全称全球定位系统(Global Positioning System),主要是美国的 GPS 和我国的北斗导航系统, 利用卫星信号可以在全球范围内进行实时的三维导航定位和测速。GPS 定位需要手机芯片的支持,定位的精确度也取决于芯片。

现在,一般智能手机都会有 GPS 芯片,很多国产手机,比如华为和中兴等还会支持北斗定位。

▶▶▶WiFi 定位

WiFi 定位和基站定位的原理差不多。手机连接的 WiFi，最终都会通过路由器接入电信网络。由于 WiFi 的覆盖范围相当小，根据电信网络，定位到了路由器，就等于定位到了连接这个路由器的手机。

▶▶▶AGPS 定位

Assisted GPS(辅助全球卫星定位系统)，采用了“卫星”+“基站”方式，此类产品同时内嵌了 GPS 芯片和基站定位技术，能在两种定位方式中间自由切换，当终端搜不到卫星的时候会以基站方式定位，而到了室外，一旦搜星成功，终端会自动切换到 GPS 定位。两种技术来回切换，目的是带来最准确的位置信息。

总体来说，以上四种定位方式比较：

基站定位的精度受到基站数量以及与基站距离的影响。手机必须打开数据连接，应用才能从位置服务器获取位置信息。室内室外都能用。

GPS 定位无须联网，无须 SIM 卡，只要设备有 GPS 芯片就可以获取位置信息。缺点在于耗电，有场地要求，室内定位很差，定位花费的时间较长(特别是第一次)。

WiFi 定位依靠的是 WiFi MAC 路由设备的 MAC 地址以及 WiFi 的信号强度，然后连接网络在服务器进行匹配。需要连接无线数据或者 WiFi。

AGPS 就是数据连接+GPS。室内室外都能用得上。

第五章

智能手机应用程序（App）

App是英文Application（应用程序）的缩写，一般指安装在手机上的软件。随着互联网越来越开放化，App作为一种兴起于手机的盈利模式，开始被更多的互联网商业投资平台看重，如淘宝平台、腾讯的微博开发平台等。

App作为智能手机的第三方应用程序，比较著名的App商店有苹果的音乐商店、微软的应用商城等。与电脑一样，下载手机软件时还要考虑自己手机所安装的系统。现在手机的主流系统有苹果、安卓两款系统。

第一节 App应用市场

现在,智能手机有苹果、安卓两款主流的操作系统,都有其发展成熟的应用市场,供用户下载各种App。

一、苹果操作系统应用市场

苹果公司推出的App Store是iPhone、iPod Touch以及iPad的服务软件,允许用户从iTunes Store或Mac App Store浏览和下载一些为iPhone SDK开发的应用程序。

用户可以购买收费项目或直接下载免费项目,将该应用程序下载到iPhone、iPod Touch或iPad。其中包含游戏、日历、翻译程序、图库以及各种实用软件。

App Store拥有海量精选的移动App,均由Apple和第三方开发者为iPhone量身设计。在App Store,用户可以轻松找到想要的App,或者发现自己从前不知道却有需要的新App。用户可以按类别随意浏览,或者选购由专家精选的App和游戏。Apple会对App Store中的所有内容进行恶意软件预防审查,因此,用户购买和下载App的来源完全安全可靠。

二、安卓操作系统应用市场

安卓市场由著名的安卓专业论坛——安卓网开发,该市场是中国国内老牌的Android软件发布平台,原创中文软件涵盖量大,是一个全中文化、本地化的应用程序市场。

安卓市场提供"手机客户端""平板电脑客户端/PC端"和"网页端"等多种下载渠道,用户可以自由选择"手机直接下载""云推送""扫描二维码"和"电脑下载"等多种方式,轻松获取安卓软件和游戏。安卓市场为用户提供一站式的软件下载、管理和升级服务。

安卓市场提供了海量软件资源,内容包罗万象,拥有上千万忠实用户,日均下载量在同类市场中居前列。安卓市场第一时间为用户呈现各类应用软件,主动更新热门应用,充分满足用户的尝鲜体验。其根据软件优势,结合时事热点、生活百态,推出各种人性化专栏,贴近用户心理的同时带来愉悦的享受。同时,其应用先进技术压缩数据,节省流量。安卓市场特设社交功能,用户可通过微博、短信、云推送等方式与好友分享软件。其上所有的应用软件,均经过系统、人工双重审核,下载更安全,同时做到永久免费。

现在,不同品牌的手机大多已经预装了本品牌的手机应用市场,如华为应用市场、小米应用商店、OPPO 软件商店等。此外,还有很多第三方应用市场供用户下载使用。

(一)手机内置应用市场

▶▶▶华为应用市场

华为应用市场是华为终端的官方应用分发平台,也是推出并实行"开发者实名认证"的应用市场,运用四重检测机制保障应用安全,自主研发"伏羲算法"为用户精准推荐内容,拥有国内安卓无广告全功能付费精品应用。

官方主页:https://appstore.huawei.com/

▶▶▶小米应用商店

小米应用商店是小米科技旗下米柚 Android 系统 ROM 中的一款安卓应用推荐软件。小米应用商店的宗旨是:发现最好玩的安卓应用和游戏。每个应用都经过了自动测试、安全扫描、人工审核三大检查。

官方主页:http://app.mi.com/

▶▶▶OPPO 软件商店

OPPO 软件商店是一款专为 OPPO 手机开发的应用商店,提供包括软件、游戏、电子书、主题、壁纸、铃声等资源的免费下载。

官方主页:https://store.oppomobile.com/

▶▶▶vivo 应用商店

vivo 应用商店是 vivo 智能手机为用户打造的官方手机软件下载平台，帮助用户发现最好的应用和游戏,为用户提供一站式的软件下载、管理和升级服务。

官方主页:http://zs.vivo.com.cn/

(二)第三方移动应用市场

▶▶▶360 手机助手

360 手机助手是国内领先的安卓应用分发平台,也是国内领先的 Android 资源获取平台,提供海量的游戏、软件、音乐、小说、视频、图片等资源下载。360 手机助手的全部资源经过 360 安全检测中心的审核认证,绿色无毒,安全无忧。

官方主页:http://sj.360.cn/index.html

▶▶▶百度手机助手

百度手机助手拥有海量免费优质 Android 手机应用,提供极速下载,汇集最新的安卓应用,安装包小巧方便,是 Android 手机的权威资源平台。

官方主页:https://shouji.baidu.com/

▶▶▶91 助手

91 助手是受广大智能手机用户喜爱的中文应用市场,是一款跨终端、跨平台的内容分发平台。91 助手还有一键转机、手机备份还原、手机联系人管理、手机短信管理、文件管理、手机截屏、手机同屏等手机管理功能,操作起来简洁易用。

官方主页:http://zs.91.com/

▶▶▶豌豆荚

豌豆荚是一款提供绿色安全应用与游戏下载的应用市场，汇聚了海量的安卓软件、安卓应用和安卓游戏免费下载资源。

官方主页:https://www.wandoujia.com/

▶▶▶应用宝

应用宝是腾讯应用中心为智能手机用户打造的一个手机应用获取平台。用户可以通过应用宝免费下载、安装安卓软件、游戏以及音乐、电子书;还可以进行手机体检、资料备份、资源管理等便捷操作。

官方主页:https://sj.qq.com/

第二节 App 的下载及安装

手机 App 的下载途径主要有手机端应用市场、手机端浏览器、从计算机端访问所下载应用程序的官方网站、扫描二维码、使用计算机端助手应用程序等方式。下面以 Android 系统手机下载并安装“手机 QQ”为例,介绍这几种下载途径。

一、手机端应用市场

现在,不同品牌的手机大多已经安装了本品牌的手机应用市场,如华为应用市场、小米应用商店、OPPO 软件商店、苹果手机的 App Store 等。以下以华为手机为例。

●打开应用市场。打开手机,找到并点击华为“应用市场”图标,如图 5-1。

图 5-1

●搜索应用程序。在“应用市场”(图 5–2)的搜索栏输入“QQ”进行搜索。

图 5–2

●安装应用程序。搜索结果如图 5–3，点击 QQ 后面的【安装】，即可完成 QQ 的下载和安装。

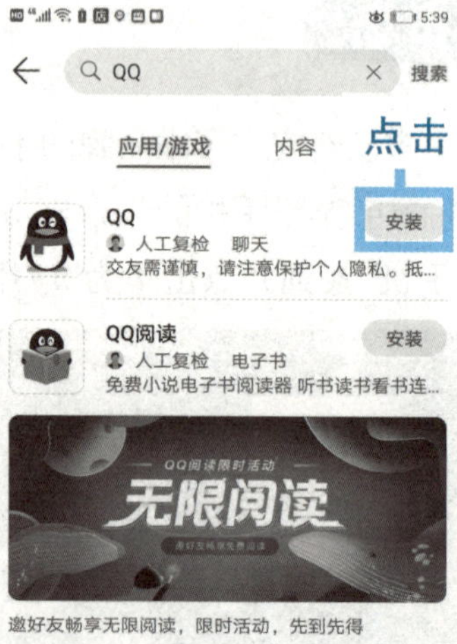

图 5–3

●打开应用程序。在应用市场安装完 QQ 后，右侧的【安装】变为【打开】，点击【打开】即能打开手机 QQ，如图 5–4。或者也可以在手机桌面找到 QQ 的图标，点击打开，如图 5–5。

图 5-4

图 5-5

二、手机端浏览器

如果有些应用程序在“应用市场”里找不到，也可以通过手机浏览器访问应用程序的官网下载并安装应用程序。一般手机系统都自带浏览器。

●打开浏览器。在手机桌面找到并点击【浏览器】图标，如图 5-6。

图 5-6

●搜索应用程序。在浏览器首页(图 5-7)搜索栏输入“QQ”进行搜索。

图 5-7

●下载应用程序。搜索结果如图 5-8,用户可选择想要下载的路径,点击【普通下载】或【高速下载】按钮,下载手机 QQ。

图 5-8

需要注意的是,搜索结果显示的页面包含很多商业推广,如图 5-8,即使标明了“官方”也不一定是官方地址,用户需仔细辨别。如果手机自带的应用商店找不到想要下载的应用程序,用户又担心通过浏览器下载到携带病毒、木马等安全隐患的应用程序,可以先通过浏览器下载并安装一个专门的应用市场程序(如 360 手机助手、豌豆荚等),然后再在下载的应用市场里下载应用程序。

三、从计算机端访问所下载应用程序的官方网站

如果没有可以连接的 WiFi 或想要节约手机流量,也可以用计算机来下载应用程序。最简单的方法是去官网下载。

(一)搜索官网

打开计算机的 IE 浏览器,在地址栏输入“baidu.com”,进入百度搜索引擎,在搜索栏输入“QQ”,点击【百度一下】,搜索结果如图 5-9。在搜索结果中找到下载 QQ 应用程序的官方网站并点击进入。官方下载地址为:https://im.qq.com/

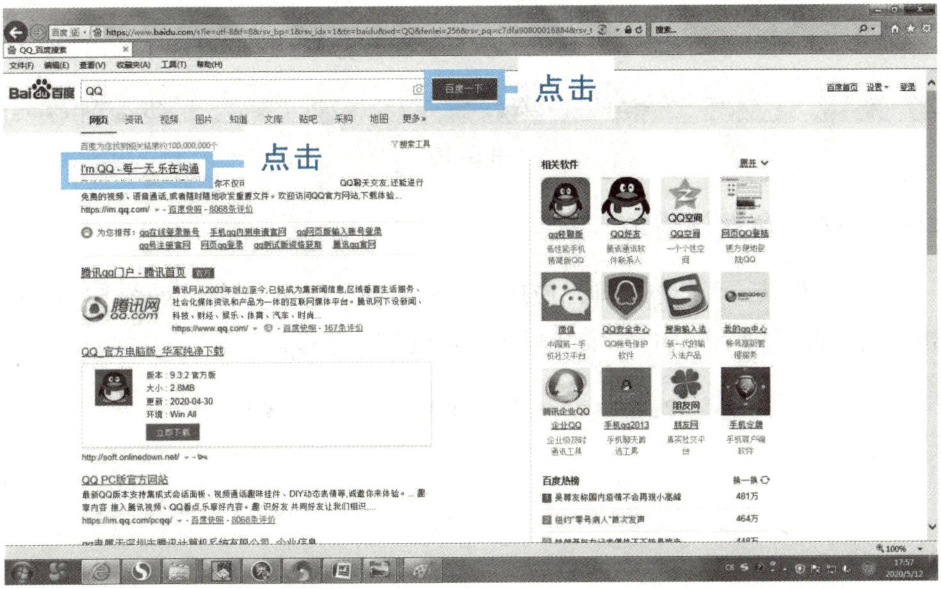

图 5-9

(二)找到下载选项

点击官网最上方的【下载】,可以看到 QQ 的 PC 版、手机版(包括 Android 版和 iPhone 版)、TIM 简洁版等多个版本的下载,如图 5-10。点击 Android 版的【下载】选项,即可将应用程序保存到计算机。该下载页面网址为:https://im.qq.com/download/

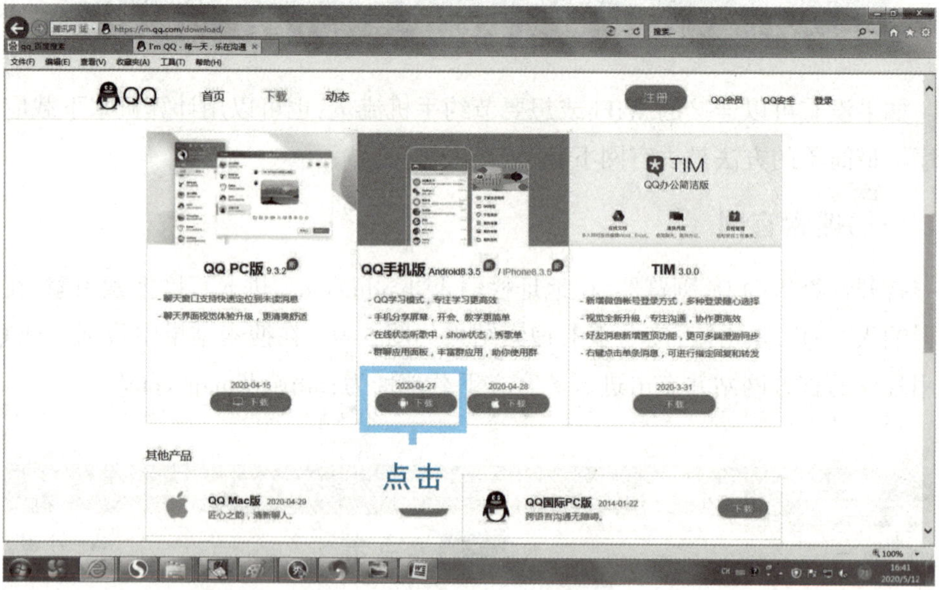

图 5-10

(三)保存到默认路径

点击【下载】后,页面下方弹出应用程序的下载及保存对话框,如图 5-11。直接点击【保存】即可将手机 QQ 的安装程序保存到默认路径。

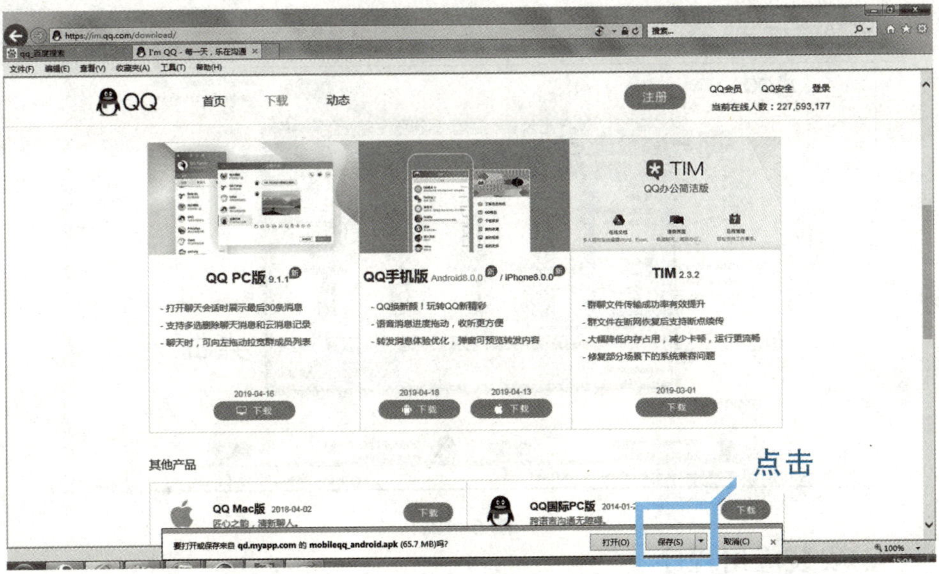

图 5-11

(四)保存到指定路径

或者可以点击【保存】右边的向下箭头,选择【另存为】选项,将安装程序保存到指定路径,如图 5-12。在弹出的对话框中选择好保存路径,点击【保存】,即完成将安装程序保存到指定位置,如图 5-13。

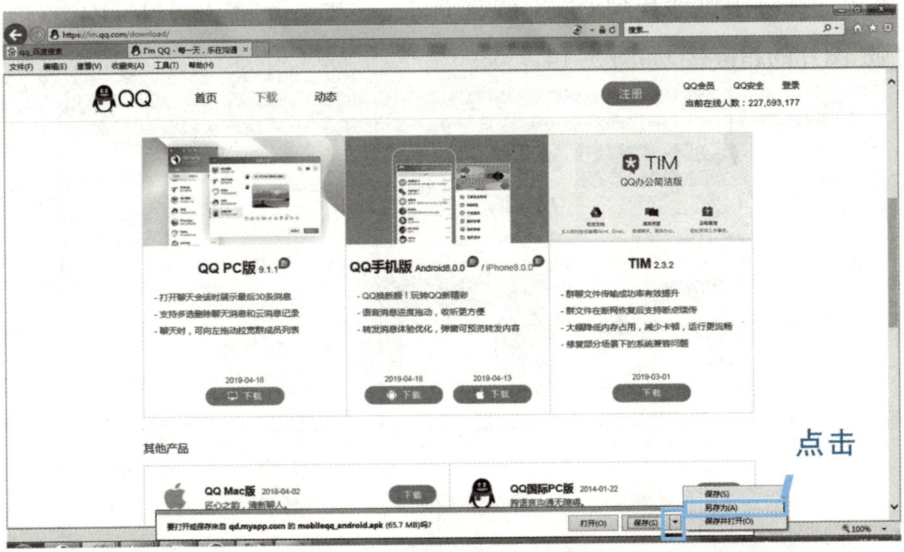

图 5-12

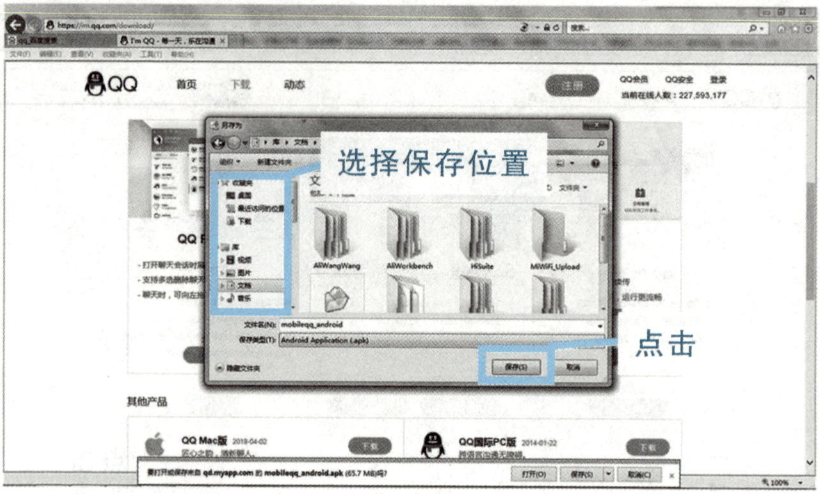

图 5-13

（五）安装应用程序

用数据线将手机和计算机连接，将下载的手机 QQ 安装文件（后缀是.apk）复制到手机，并点击【安装】。

四、扫描二维码

●用计算机浏览器找到 QQ 下载页面（https://im.qq.com/download/），点击“QQ 手机版”图片的超链接，如图 5-14。

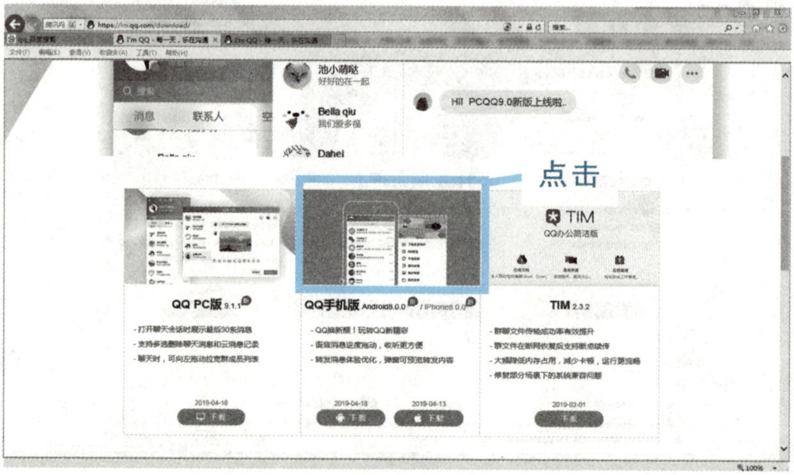

图 5-14

●找到二维码。在弹出的页面中点击【立即下载】按钮(图 5-15),即可看到下载手机 QQ 的二维码,如图 5-16。

图 5-15

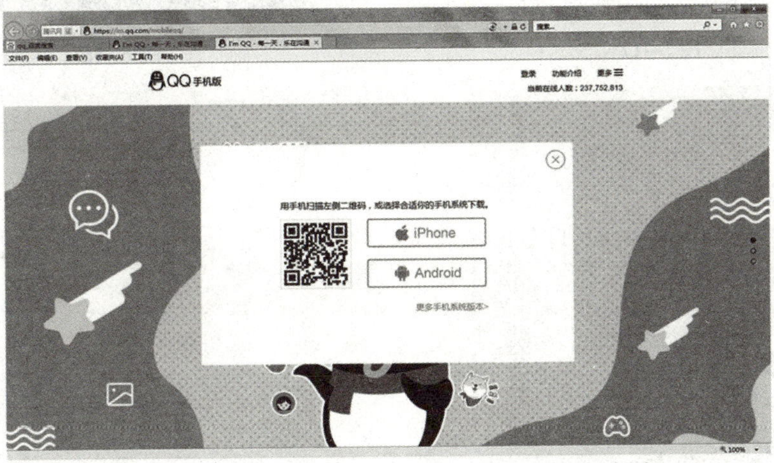

图 5-16

●微信扫码下载。打开手机微信,点击【发现】→【扫一扫】(图 5-17),对准计算机下载页面中的二维码进行扫描(图 5-18),弹出手机 QQ 下载页面(图 5-19),点击页面上的【立即下载】,跳转到下载界面(图 5-20),根据提示一步步下载并安装手机 QQ 应用程序。

图 5-17

图 5-18

图 5-19

图 5-20

五、使用计算机端助手软件

在计算机上可以安装手机助手应用程序，如安卓系统的豌豆荚、手机管家、360手机助手等。从计算机上下载手机 QQ 的安装程序后，可直接安装到手机。此方法不仅省去了手机流量，还使操作过程更直观、方便。以下介绍如何使用 360 手机助手下载手机 QQ。

(一)搜索 360 官网

打开计算机的 IE 浏览器，在地址栏输入“baidu.com”，进入百度搜索引擎，在搜索栏输入“360”，点击【百度一下】，搜索结果如图 5-21。在搜索结果中找到 360 官网(https://www.360.cn/)并点击进入。

图 5-21

(二)找到手机助手下载项

登录 360 官网，将鼠标放在【手机软件】栏目，在弹出的下拉菜单中找到并点击【手机助手】，如图 5-22。

图 5-22

（三）下载 360 手机助手

在弹出的手机助手下载页面点击【电脑版下载】，在弹出的对话框中点击【运行】，将 360 手机助手安装到电脑，如图 5-23。

图 5-23

（四）连接手机

打开电脑版手机助手，可用手机直接扫描二维码，或将手机和电脑版手机助手用数据线连接，如图 5-24。

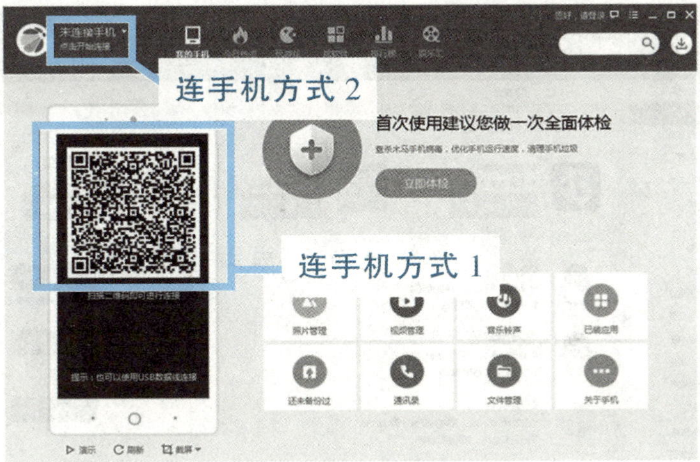

图 5–24

(五)搜索手机 QQ

电脑版手机助手连接上手机后,点击软件上方工具栏的【找软件】,之后在右侧的搜索栏中输入“QQ”,点击搜索栏内右侧的搜索按钮“🔍”进行搜索,如图 5–25。

图 5–25

(六)安装手机 QQ

在搜索结果页面找到 QQ 安装程序,点击【一键安装】,完成手机 QQ 的安装,如图 5–26。

图 5-26

第三节　App 的版本升级

版本升级是指对操作系统或软件以前版本的漏洞进行完善，或者对软件添加新的应用功能并更新，将原先系统中存在的 Bug 等错误信息进行修改，使软件更加完善稳定，故而称为版本升级。

程序的版本信息主要由四个值组成，分别是主版本号、次版本号、内部版本号、内部修订号，例如 1.0.0.0 版。

一、App 升级方式

升级可以有两种方式。

- 手动升级。操作麻烦，但速度比自动快，可以自主选择。
- 自动升级。设置好自动升级，不需要手动操作，升级方便，操作简捷。

二、App 版本升级的好处

一般情况下,软件系统经过一段时间的使用,就会逐步显现出自身的一些漏洞和缺陷,这些漏洞和缺陷无法满足用户日益发展的使用需求,因此软件开发商必须定期或者不定期对软件本身的漏洞和缺陷进行修复和更正,这样就产生了新的软件版本,以满足用户新的使用要求。软件开发商发布 App 更新,基本围绕以下三个目的:

- 修复软件 bug,提升 App 的稳定性。
- 给软件添加新的功能。
- 增加对新设备的支持(比如近期手机界流行的刘海屏)。

三、App 版本升级易出现的问题

App 版本升级固然带来了新的功能,使部分漏洞及缺陷得以修复,但升级也是有利有弊。版本升级后,可能出现以下问题:

- 硬件不支持 App 升级后的新版本,如内存不够。
- 软环境不支持。
- 升级后增加的新功能用户并不需要。
- 升级后与其他软件产生不兼容。
- 升级有可能会带来费用,免费版到付费版。

四、怎么选择 App 版本升级

知道了软件开发商对 App 升级的目的,用户就可以有的放矢地决定是否升级。尤其值得注意的是,所有 App 的更新升级很容易,但是想要再退回到以前版本,就没这么容易了。用户可参考以下建议决定是否要升级 App。

●看 App 使用的稳定性。如果目前的 App 版本用户在使用时比较稳定,就没有必要升级到最新版本。尤其对于前几年的智能手机系统,App 版本的更新不但不会优化系统,还会影响到系统的稳定性。

●看 App 的新功能。如果升级新版本可以获得 App 的新功能，软件升级还是很有必要的。用户可以先阅读常用软件的更新说明，再选择性地去更新它。

第四节　常见问题及解决办法

一、去哪里下载手机 App 较为方便和安全

手机下载 App 首选系统自带的下载平台。iPhone 手机下载平台为“App Store”，而国产品牌的安卓系统的手机通常自带由厂商开发的“应用商店”，如“OPPO 软件商店”“华为应用市场”“小米应用商店”。若手机未自带“应用商店”，又担心通过浏览器下载到携带病毒、木马等安全隐患的 App，可以先通过浏览器下载并安装一个专门的应用市场程序，如应用宝、PP 助手、豌豆荚等，然后在该程序内下载需要的 App。

二、微信扫描二维码无法下载 App 如何解决

在微信中，打开 App 下载链接，或者使用微信扫一扫功能扫描 App 下载二维码，通常都是无法下载的，这是微信的一种安全机制。此时，可直接点击微信右上角菜单，找到“在浏览器打开”，点击这一选项，则会跳出微信的限制，用手机上的浏览器打开下载页面。

三、如何整理手机 App

●移动 App，将其拖动到新位置即可。

●将 App 添加到某一文件夹中，将其拖动到文件夹内即可。

●卸载 App，在 Android 系统，将其拖动到“卸载”按钮即可；在苹果手机的 iOS

系统,可长按要卸载的软件图标,直到屏幕所有软件图标左上角都有一个“×”号,并且都在不停地跳动,这时点击左上角的“×”号,根据提示删除应用。

四、手机操作系统如何在后台运行多个 App

智能手机可以同时运行多个 App 来执行多项任务。启动多个 App，可在使用 App 时按下主屏幕键,然后在主屏幕中选择要启动的另一 App。以华为手机 P20 为例,在主屏幕键上横向滑动手指即可显示出后台正在运行的所有 App。

五、如何管理 App 的通知推送

App 发出的通知会出现在“通知中心”,并提醒用户有新的信息需要读取,甚至会在 App 不再运行时发出提醒。通知方式因 App 而异,但可能包括文本或提示音,以及主屏幕 App 图标上的数字标记。如果用户不想收到通知,可关闭通知,并可以更改通知显示的顺序。

打开或关闭通知:前往【设置】→【通知中心】,在列表中轻按一个项目,然后为该项目打开或关闭通知。

第六章

移动互联网与乡村生活

科技的发展让智能手机成为移动的社交工具，给人们的工作、娱乐、生活增添了很多乐趣，也改变了很多人的生活节奏和生活态度。本章将为农民朋友介绍一些社交与生活的应用程序，农民朋友可以借助它们将生活变得更加丰富多彩。

第一节 网络社交

被互联网联结起来的是电脑、智能手机，以互联网为基础的交往，是直接的互动，又是全面的内在交流。网络社交的实质是一种联结不同网络终端的人脑思维的虚拟化、数字化的交流和互动，具有不同于以往任何社会形态的两面性。农民朋友们在利用网络开展社交时要注意把握自己，体现自己的独立思考，传播正能量，为净化网络环境做贡献。

目前，常用的网络社交工具有微信、QQ 手机版、微博等，都以休闲娱乐和言论交流为主要特征，最终都是帮助用户建立网络关系圈，这个关系圈越来越与用户个人日常生活的关系圈紧密相连。

一、微信

微信是当前最流行的即时通信工具，它可以发送文字、图片、语音和视频等类型的消息，并提供了移动支付、朋友圈、公众号等多种扩展服务。使用“微信”已成为一种新的生活方式。用户可通过扫描图 6-1 的二维码下载微信 App。

图 6-1

(一)注册账号与登录

●打开微信应用程序。找到手机桌面的“微信”图标,点击打开微信。

●注册微信。在微信首页(图 6–2)点击【注册】按钮。

图 6–2

●填写注册信息。在注册页面填写昵称、手机号、密码,之后点击【注册】(图 6–3),根据提示一步步完成注册。完成注册后,系统会自动登录该账号。

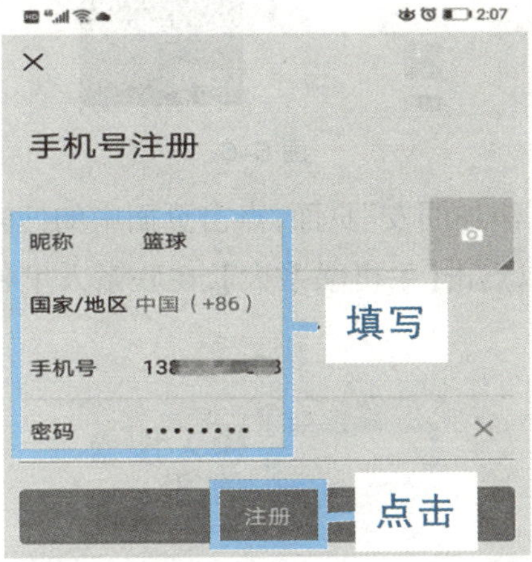

图 6–3

●登录微信。如果已注册微信号,在图 6–2 的微信首页点击【登录】,进入微信登录界面(图 6–4),输入手机号,根据页面提示一步步完成登录。或者也可以直接用账号来登录,包括微信号、QQ 号、邮箱号。点击图 6–4 页面中的【用微信号/QQ 号/邮箱登录】,进入登录界面(图 6–5),填写相关信息完成登录。

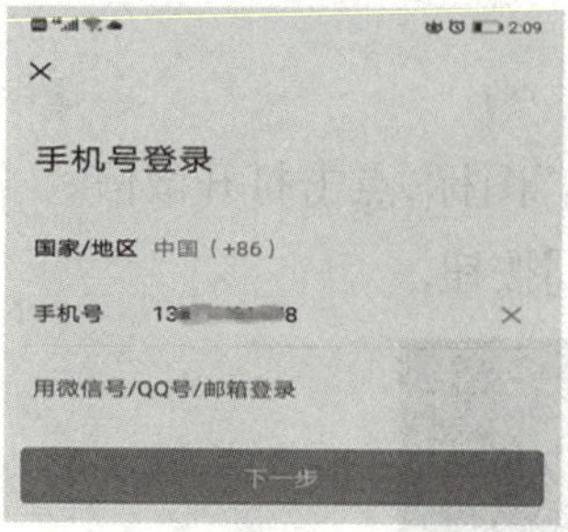

图 6-4

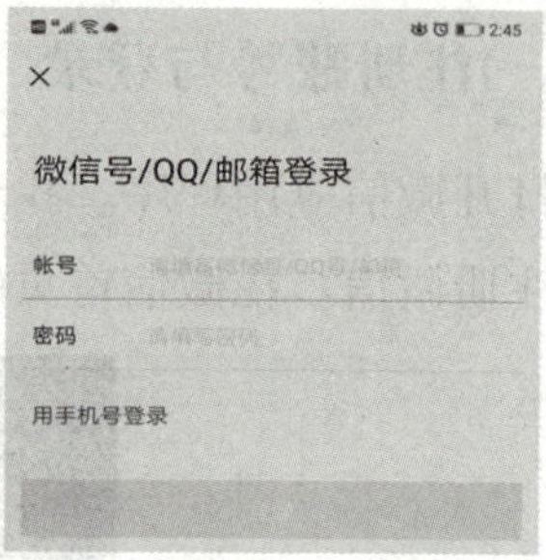

图 6-5

（二）添加好友

●找到添加好友选项。打开微信，点击页面右上角的“+”按钮，在下拉菜单中点击【添加朋友】，如图 6–6。

图 6–6

●搜索好友。进入“添加朋友”页面，点击页面中的搜索框，输入要添加好友的手机号或微信号；也可以点击【手机联系人】，在联系人里找到并添加微信好友，如图 6–7。

图 6–7

●添加好友。进入好友“详细资料”页面，可给好友设置备注和标签。之后点击【添加到通信录】按钮，如图 6–8。

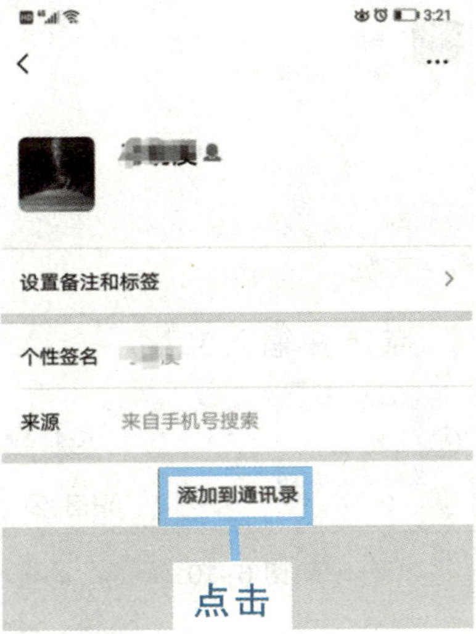

图 6–8

●发送好友验证申请。进入“验证申请”页面，在“你需要发送验证申请，等对方通过”下方的文本框中输入能表明自己身份的信息，之后点击【发送】按钮，如图 6–9，等对方通过验证申请后，即可以与好友交流。

图 6–9

●开始聊天。对方通过好友验证后，打开“微信”，点击好友头像，进入聊天页面，点击页面底端的文本框，输入文字，点击右边的【发送】按钮，即发出聊天信息，如图 6–10。

图 6–10

（三）朋友圈互动

●进入"朋友圈"界面。打开微信，点击下方的【发现】按钮，在打开的页面中点击【朋友圈】，如图 6–11。之后进入朋友圈界面，如图 6–12，即可浏览微信好友的朋友圈动态。

图 6–11

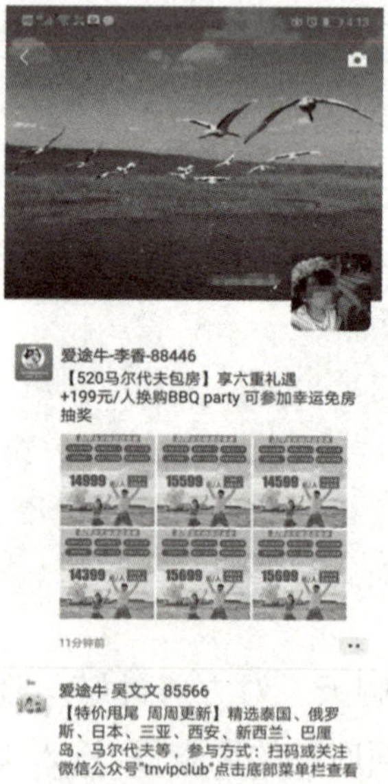

图 6–12

●朋友圈点赞及评论。在朋友圈页面点击某条好友动态右下方的“··”按钮，即可给该条动态点赞或发表评论，如图 6-13。

图 6-13

●发表动态。在朋友圈页面点击右上角的相机按钮“[相机图标]”，即可开始编辑朋友圈，如图 6-14，朋友圈的图片可以选择“拍摄”或“从相册选择”。如果只想发表文字，不想发表图片，长按相机按钮“[相机图标]”即可，弹出的界面如图 6-15，输入想要发表的文字，点击【发表】按钮即可。

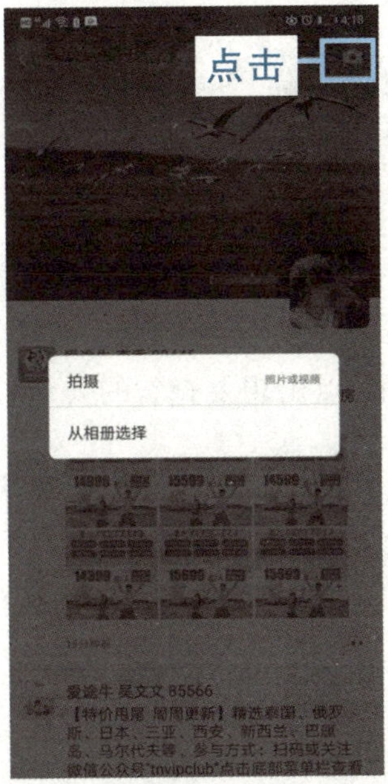

图 6-14

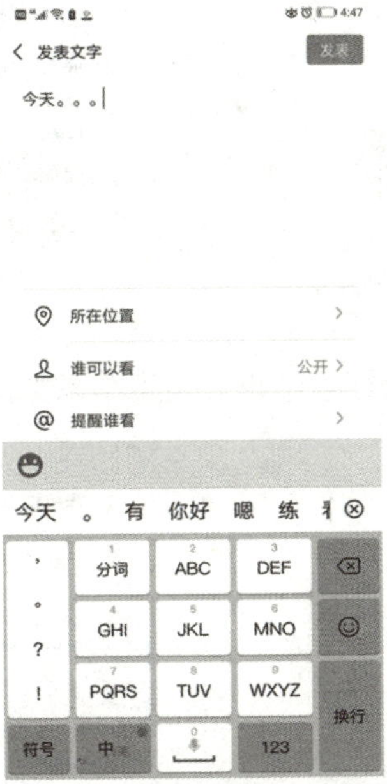

图 6-15

(四)关注公众号

●点击“搜一搜”。打开微信，点击【发现】→【搜一搜】，如图 6-16。

图 6-16

●搜索公众号。在“搜一搜”页面(图 6-17)的搜索栏输入文字，如输入“津科助农”。

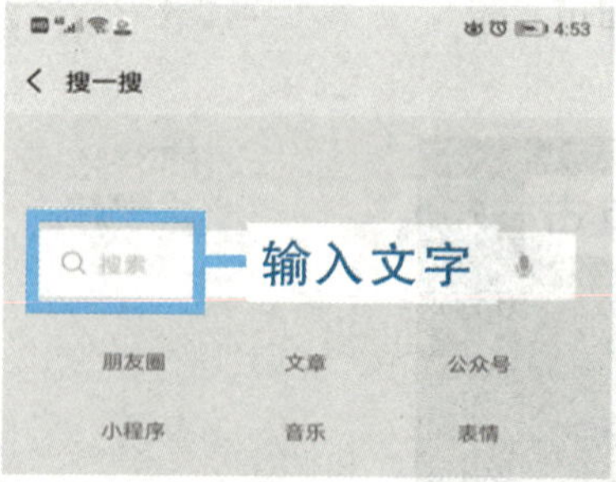

图 6-17

●查看搜索结果。搜索结果如图 6-18 所示，点击想要查看的公众号内容。

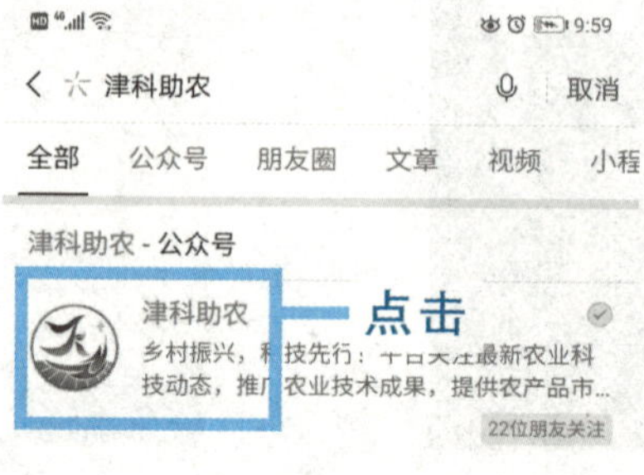

图 6-18

●关注公众号。进入公众号搜索页面，点击【关注公众号】，如图 6–19 所示，即关注该公众号，以后可收到该公众号的文章推送。

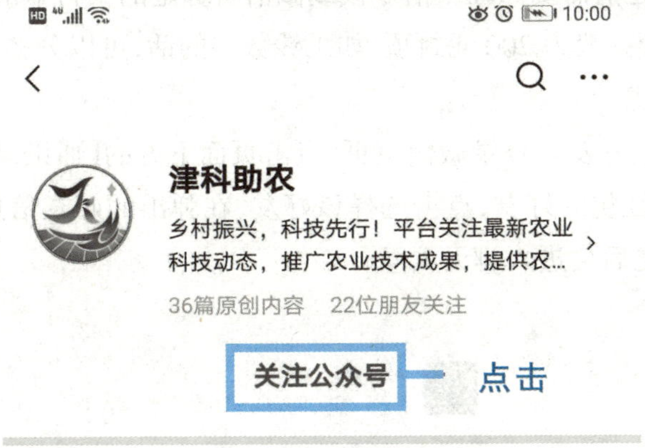

图 6–19

●阅读公众号历史文章。点击公众号底端的标签（图 6–20），即可看到该标签下的文章目录（图 6–21），用户可点击感兴趣的任意一篇文章阅读全文。

图 6–20

图 6–21

（五）收发微信红包

发微信红包之前需要保证微信零钱或微信所绑定的银行卡的余额大于红包金额。微信红包金额一般为 200 元封顶，如果钱数多的话，可以分多个红包发出，或改用微信转账的方式。

●选择发红包好友。登录微信主页，点击页面下方的【通讯录】选项，在通讯录列表中找到要发红包的好友，点击选择该好友，在弹出的好友信息页面点击【发消息】，如图 6-22，之后会进入聊天页面。

图 6-22

●塞钱进红包。在聊天页面右下角有一个“+”标识，点一下该标识，页面下方就会出现一些应用程序，找到“红包”并点击（图 6-23），就会出现红包的格式，第一行是金额，输入要发红包的钱数，第二行可以输入一些祝福的话语，输完后点击【塞钱进红包】（图 6-24）。

图 6-23

图 6-24

●完成支付。支付方式可选择微信零钱或已经绑定的银行卡，在弹出的支付页面输入支付密码，红包就发出去了，如图6–25。

图 6–25

●查看红包。发出去的红包会显示在聊天记录中(图6–26)，好友点击该红包即可完成红包领取。

图 6–26

●微信群发红包。在通讯录的【群聊】里打开一个微信群，和发红包给好友相同，点击右下角的"+"标识，在应用程序里找到"红包"并点击，在弹出的红包界面(图6–27)第一行输入金额，第二行输入红包个数，第三行输入祝福语，点击【塞钱进红包】，按提示完成红包发送。

需要注意的是，在红包金额栏下方可选择"拼手气红包"和"普通红包"。"拼手气红包"即红包总额固定，每个红包的金额随机，第一行金额栏输入的是"总金额"；"普通红包"即每个红包的金额相同，第一行金额栏输入的是"单个金额"，那么发出红包的总金额为单个金额乘以红包数量。

图 6-27

（六）电脑登录微信

微信网页版使微信登录电脑系统，微信手机版和网页版连接之后，就可以直接在网页版界面收发，甚至是在电脑和手机之间传输文件、图片。以下介绍微信手机版和网页版的连接方法：

●打开微信网页版。打开电脑浏览器，在搜索栏输入网址（https://wx.qq.com/）进入微信网页版页面，或通过搜索引擎搜索关键词“微信网页版”，找到该页面（图6-28）。

图 6-28

●登录微信网页版。打开手机，打开微信，点击【发现】→【扫一扫】，扫描电脑上的二维码，并在手机上点击绿色按钮【登录】，如图 6–29。

图 6–29

●完成登录。登录后的微信网页版界面如图 6–30，用户可以在该网页上交流、阅读。但是，可以看到，该页面上左边的 3 个按钮分别是聊天、阅读和通讯录，没有朋友圈功能。微信网页版无法查看朋友圈。

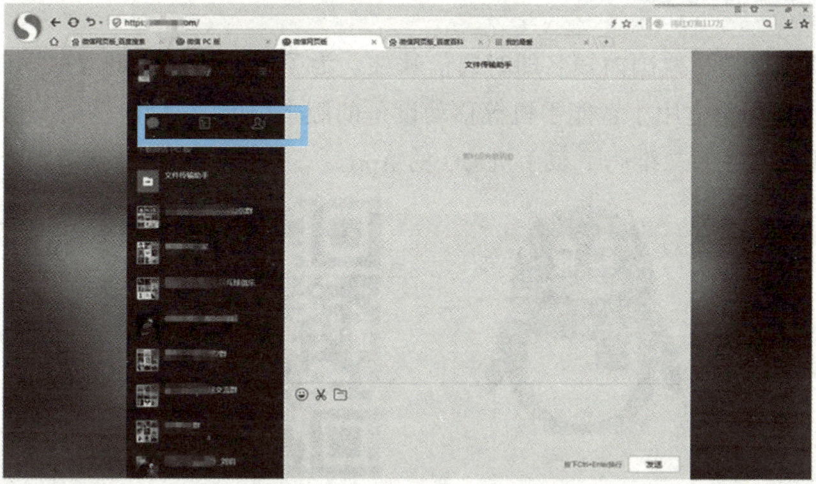

图 6–30

●退出微信网页版。要退出微信网页版，官方给出的方法有三种：①直接关闭浏览器；②长时间没操作时，网页版自动退出（官方没有公布大概的时间）；③从手机上退出微信网页版，或者手机退出了微信客户端，微信网页版也会自动退出。此外，手机没电了，也会自动退出。其实微信网页版登录后，即使退出微信手机版，微信网页版仍然可以正常使用。

除微信网页版外，用户还可以在电脑上安装微信 PC 版，也可以实现电脑登录微信。微信 PC 版的下载官方网址为：https://pc.weixin.qq.com/

此外，用户可扫描图 6-31 的二维码访问腾讯客服微信专区的官方网址，查询用户使用微信的一些问题，包括手机版微信、电脑版微信、网页版微信等的一些热门问题解答，或者扫描图 6-32 关注微信公众号，向腾讯客服提问。

图 6-31

关注微信公众号
向腾讯客服提问

图 6-32

二、手机版 QQ

腾讯 QQ 是一款国内知名即时通信软件。为了能够适应移动互联网时代，腾讯 QQ 也推出了适用于智能手机等移动设备的版本，让用户随时沟通。用户可通过扫描图 6-33 的二维码下载手机 QQ 的 App。

图 6-33

（一）登录及注册

●打开 QQ 应用程序。打开手机，下载并安装好 QQ 应用程序，在手机桌面找到并点击 QQ 的图标。

●登录账号。如果已有 QQ 账号，点击 QQ 首页的【登录】按钮（图 6-34），在弹出的页面输入用户名及密码（图 6-35），即可登录自己的 QQ 账号。

图 6-34

图 6-35

●注册账号。如果没有 QQ 账号，则需要注册新账号。点击 App 首页的【新用户】按钮（图 6-36），弹出登录设置页面（6-37），根据页面提示输入手机号，发送短信并接收到验证码（验证码一般在 30 秒内有效），接收到验证码后立即填写，然后设置账号昵称、密码，提交，待完成后就可以使用了。需要注意的是，为了 QQ 账号更加安全，农民朋友在设置密码时尽可能使用字母、数字和符号混合组成的密码，避免被盗号。

图 6-36

图 6-37

(二)添加好友或群聊

●点击加好友/群选项。进入 QQ,在“消息”页面点击右上角的加号【+】按钮,在展开的列表中点击【加好友/群】选项,如图 6-38。

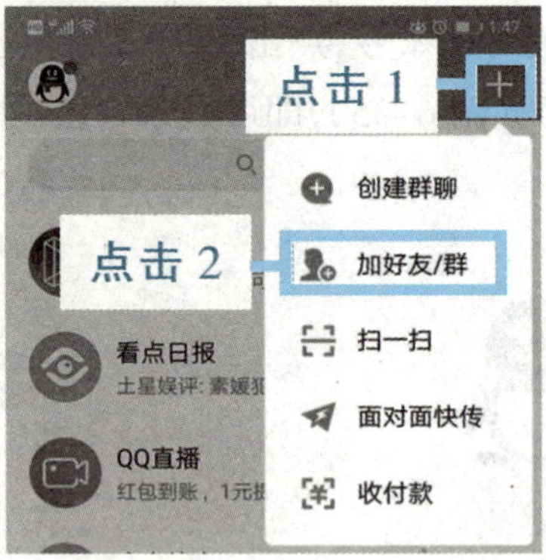

图 6-38

●添加好友。进入“添加”页面,点击【找人】,可以看到很多种添加好友的方式,比如在搜索栏输入好友信息、添加手机联系人、扫一扫添加好友等(图 6-39)。选择任意一种方式搜索到想要添加的好友,点击【加好友】并发送验证申请,待对方同意并成为好友后,可以聊天及通话了。

图 6-39

(三)进入群聊

同样是进入“添加”页面,点击【找群】,在搜索栏输入群号或群名称进行搜索(图 6-40),找到想要加入的群后即可发送申请加入群聊。

图 6-40

●与好友聊天。在 QQ“联系人”页面找到好友头像并点击，进入好友信息页面（图 6-41），即可与好友进行音视频通话或发消息。

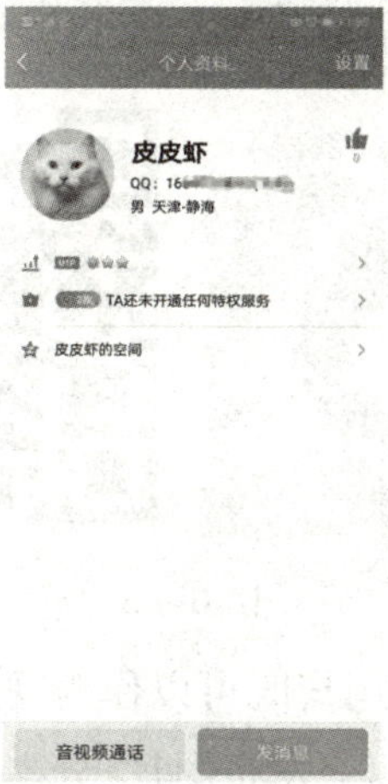

图 6-41

●手机 QQ 与电脑互传文件。手机 QQ 与电脑版 QQ 的连接比较简单，需同时登录手机 QQ 与电脑版 QQ，在手机 QQ 上找到【联系人】→【设备】→【我的电脑】，点击进入【我的电脑】，就像与好友聊天一样，和“我的电脑”发信息、发图片、传文件，无须数据线。在电脑版 QQ 找到【联系人】→【我的设备】→【我的手机】，同样可以与手机 QQ 间发消息。

此外，用户可扫描图 6-42 阅读腾讯 QQ（包括电脑版 QQ 和

图 6-42

手机版 QQ)的一些使用教程,包括安装与运行、账号与登录、安全问题、QQ 好友、聊天、QQ 群、手机版 QQ 等方面问题的解答。

三、微博

微博(Weibo),全名微型博客,是一种基于用户关系信息分享、传播以及获取的通过关注机制分享简短实时信息的广播式的社交媒体、网络平台，用户可以通过 PC、手机等多种移动终端接入,以文字、图片、视频等多媒体形式,实现信息的即时分享、传播互动。

“新浪微博”是各门户网站中第一个提供微博服务的网站。此外微博还包括腾讯微博、网易微博、搜狐微博等。但如若没有特别说明,微博就是指新浪微博,本部分介绍的也是新浪微博。用户可通过扫描图 6-43 的二维码下载微博 App。

图 6-43

微博提供了这样一个平台,用户既可以作为观众,在微博上浏览自己感兴趣的信息;也可以作为发布者,在微博上发布图片、分享视频供别人浏览。发布的内容一般较短,微博由此得名。微博最大的特点就是:发布、传播信息的速度快。比如一些突发事件或引起全球关注的重大事件,如果有微博用户在场,利用各种手段在微博上发表出来,其实时性、现场感以及快捷性,甚至超过所有媒体。

(一)登录微博

●打开新浪微博应用程序。打开手机,下载并安装好新浪微博应用程序,在手机桌面找到并点击微博的图标。

●注册登录微博。微博登录页面如图 6-44,可以用手机号或邮箱信息注册用户后进行登录，也可以直接用微信账号、QQ 账号登录，非常方便。

●进入微博。登录后即进入微博，微博首页会给用户推送很多热门消息，如图 6-45，用户可以选择性地点击阅读。

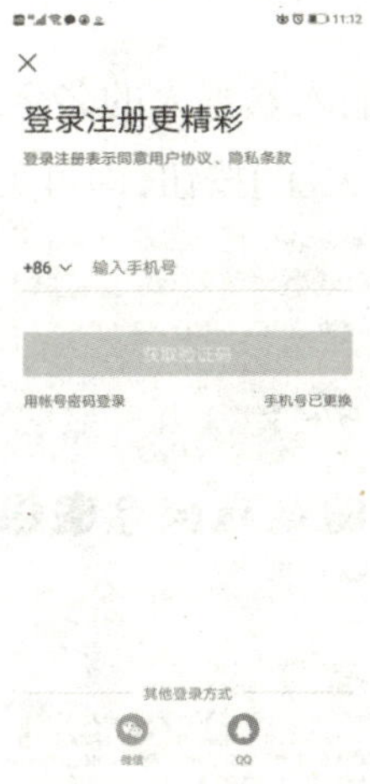

图 6-44

图 6-45

（二）展示个人风采

●进入个人主页。点击微博首页（图 6-45）右下角的“我”按钮【👤】，进入个人主页，如图 6-46，点击该页面的个人昵称。

●编辑个人信息。在弹出的个人资料信息页面就可以完善个人资料，如填写基本信息、上传个人照片、填写兴趣爱好等，如图 6-47。

图 6-46

图 6-47

（三）关注好友

●进入搜索页面。点击微博首页（图 6–45）下方的“发现”按钮【 】，进入搜索页面，如图 6–48。

●关注好友。在搜索页面最上方的搜索框中输入熟悉人的名字或喜欢事物的关键词，如搜索“新闻”，搜索结果如图 6–49，点击【+关注】按钮，即可关注该好友。

图 6–48

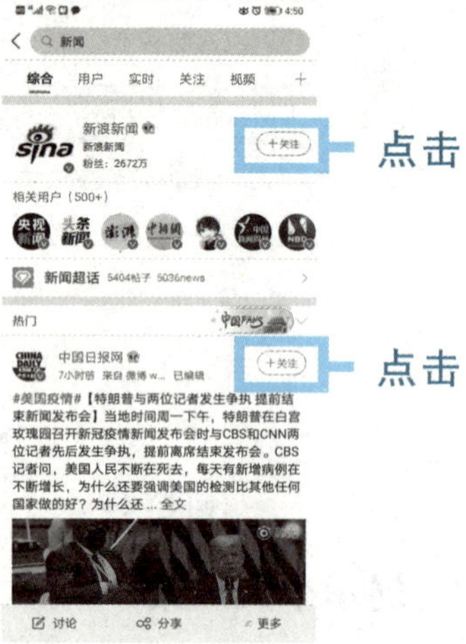

图 6–49

●查看好友。在个人主页点击【关注】（图 6–50），即可查看关注好友的列表，如图 6–51。

图 6–50

图 6–51

●浏览好友微博。点击关注好友的列表，找到该好友，即可进入该好友微博，如图 6–52。

图 6–52

（四）发布信息

●选择发布信息方式。进入微博，点击首页右上方的加号按钮，可以看到下拉菜单中有写微博、图片、视频、文章、直播等多种方式，点击即可，如图 6–53。

●发布信息。在图 6–53 中点击【写微博】，进入微博编辑页面，输入文字并点击右上角的【发布】，即完成一条微博信息的发布，如图 6–54。

●查看发布信息。发布的信息可在个人微博页面查看，如图 6–55。

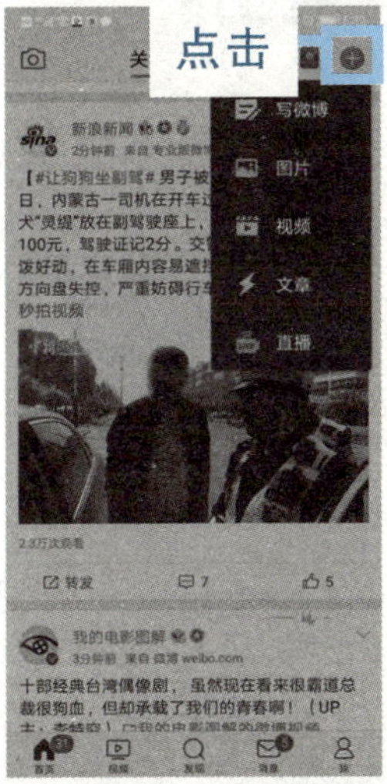

图 6–53

图 6–54

图 6–55

（五）转发、评论及点赞

●点赞微博。找到一条微博信息，可以看到信息下方的转发、评论及点赞按钮，如图 6–56。点击“点赞”按钮【 】，按钮后面的点赞数量即加 1。

图 6–56

●转发微博。点击图 6–56 的“转发”按钮【 】，在下拉菜单中选择【转发】（图 6–57），在弹出的转发设置页面输入想说的话，点击右上角的【发送】按钮，即完成转发（图 6–58）。转发后的信息可在个人微博显示，如图 6–59。

图 6–57

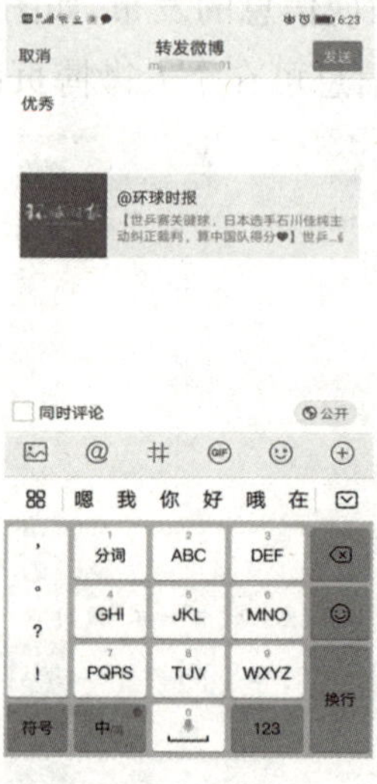

图 6–58

图 6–59

●评论微博。点击图 6–56 的“评论”按钮【 】，即可浏览该条微博的所有评论信息，同时在该条微博中，再次点击页面最下方的“评论”按钮，如图 6-60。在弹出的对话框中输入想要评论的内容，点击【发送】，即完成评论，如图 6-61。评论的内容也会出现在该条微博的评论区。

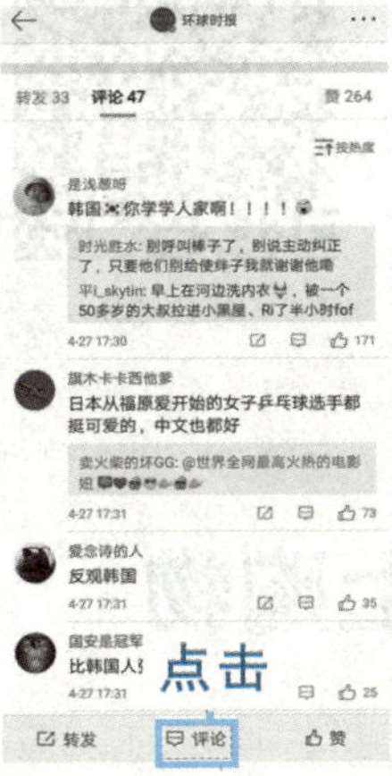

图 6-60

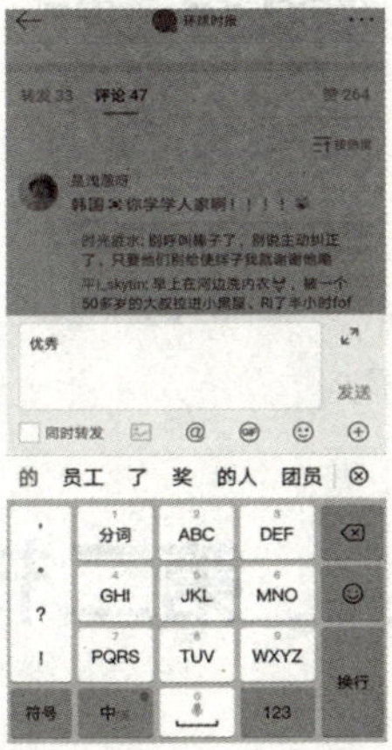

图 6-61

（六）发私信

私信相对于微博公开发布的信息，比较注重个人隐私，类似于 QQ，用户发布的信息只有对方能看到，这样就可以进行私密讨论，不必担心会在微博上公布出来。

●发私信。点击好友微博页面下方的【私信】按钮，如图 6-62，即可进入聊天页面给对方发送信息。

●查看私信。点击微博首页的【消息】，如图 6-63，即可看到和所有好友的私信内容。

图 6-62

图 6-63

此外，用户可通过扫描图 6-64 阅读手机微博操作教程，或者扫描图 6-65 查找访问微博官方网站帮助页面的常见问题解答。

图 6-64

图 6-65

第二节 网上购物

网上购物具有选择面广、省时省力等优点，动动手指就可以买到全国，甚至全世界的商品，因此受到了众多消费者的欢迎。目前，人们常用的电商平台的应用程序主要有手机淘宝、手机京东、微店等。

一、手机淘宝

淘宝网是亚太地区较大的网络零售商圈，由阿里巴巴集团于 2003 年 5 月创立，目前拥有近 5 亿的注册用户数，每天有超过 6000 万的固定访客，每天的在线商品数已经超过了 8 亿件，平均每分钟售出 4.8 万件商品。用户可通过扫描图 6-66 的二维码下载淘宝 App。

（安卓版） （苹果版）

图 6-66

淘宝网提出“货真价实、物美价廉、按需定制网货”的宣传理念，帮助更多的消费者挑选海量且丰富的网货，获得更高的生活品质；通过提供网络销售平台等基础性服务，帮助更多的企业开拓市场、创立品牌，实现产业升级，帮助更多胸怀梦想的人通过网络实现创业就业。

淘宝网是深受用户欢迎的网络销售平台，也是消费者交流社区和全球创意商品销售的集中地。淘宝网在很大程度上改变了传统的生产方式，也改变了人们的生活消费方式。

手机淘宝是淘宝网为智能手机开发的应用程序，农民朋友可对多个卖家的商品进行比较，选择性价比比较高的商品下单购买。为了方便使用手机淘宝购物，除了下载手机淘宝 App 外，还要同时下载并使用支付宝 App。

以下介绍如何使用手机淘宝购物。

●购物前准备工作。用手机淘宝购物前，需注册淘宝账户并登录，填写并保存收货地址及收货人电话；下载手机支付宝，注册支付宝账号并设置支付密码，将支付宝绑定银行卡。

●打开手机淘宝应用程序。找到手机桌面的“手机淘宝”图标，点击打开手机淘宝。

●进入首页。打开手机淘宝后，可以看到“有好货”“淘宝头条”等推荐内容。可以点击页面上方的搜索框，搜索想购买的商品名称，或者点击搜索框右边的“相机”按钮，通过拍摄照片直接搜索商品。登录后的淘宝首页如图 6–67。

●搜索商品。在图 6–67 上方的搜索框输入商品名称，例如输入“冰激凌红薯”，并点击【搜索】，如图 6–68。

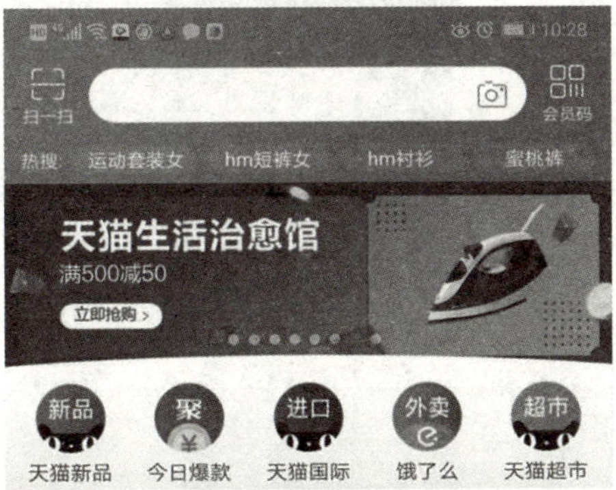

图 6–67

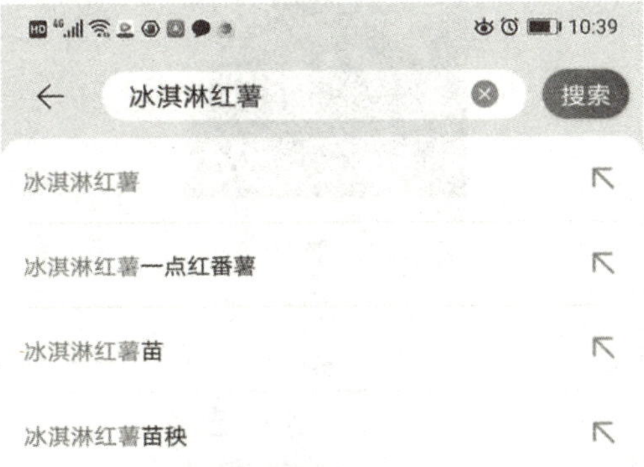

图 6–68

●浏览搜索结果。搜索结果页面如图 6-69，可上下滑动屏幕查看搜索到的商品，若找到合适的商品，可点击该商品，进入商品页面。此外，还可以对搜索结果进行排序。淘宝默认为商品综合排序，点击【综合】，可以在下拉菜单中选择信用、价格降序、价格升序的排序方式；或者点击【综合】右边的【销量】按钮，将所有搜索到的商品按销量从高到低排序，排序方式如图 6-70。

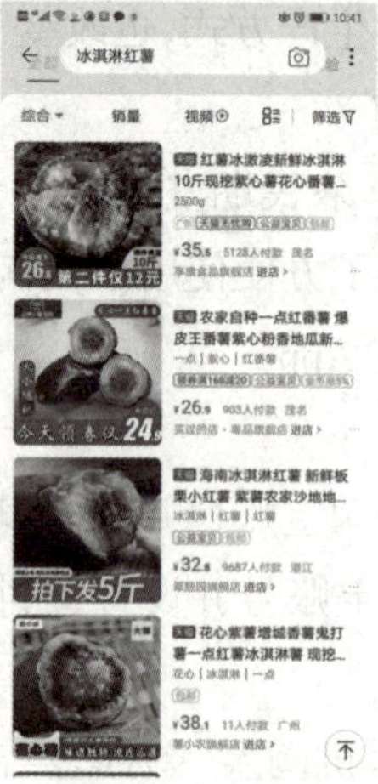

图 6-69

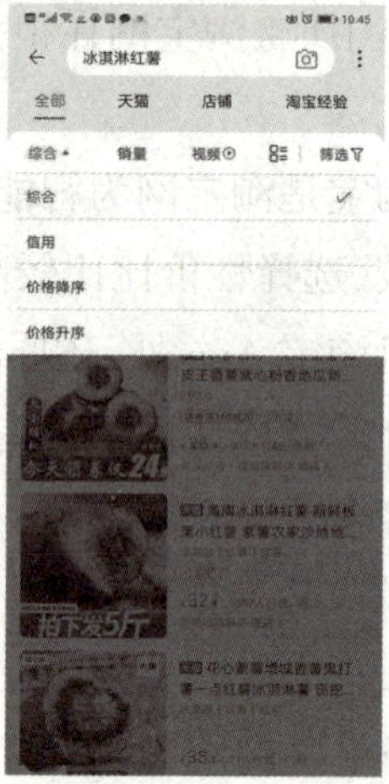

图 6-70

●购买商品。点击商品页面右下角的【立即购买】按钮（图 6-71），在弹出的商品确认页面点击【确定】（图 6-72），之后在订单确认页面点击【提交订单】（图 6-73），最后付款（图 6-74），即完成商品的购买。之后可在“我的淘宝”→“我的订单”中关注该笔订单的物流信息。

图 6-71

图 6-72

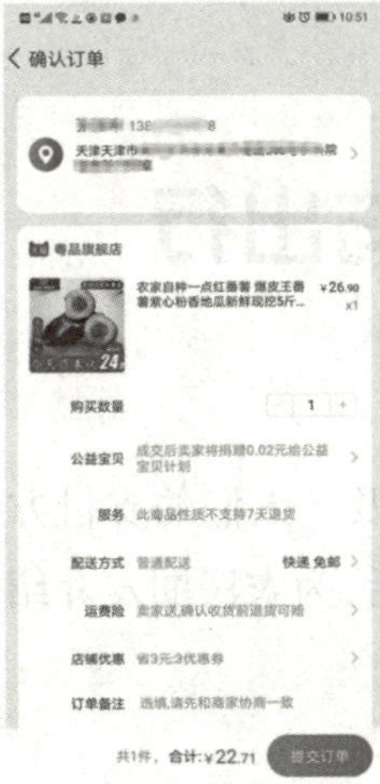

图 6-73

图 6-74

二、微店

时下微商正在兴起，不断有微商入驻微店，因此用户也可以选择在微店购物。微店由北京口袋时尚科技有限公司开发。官方网址：http://www.weidian.com/

微店 App 分买家版和卖家版，购物需下载并安装买家版，开店需下载并安装卖家版。用户可通过扫描图 6-75 的二维码下载微店 App。

购物：打开手机桌面的微店应用程序，其首页如图 6-76。微店的购物方式和淘宝网类似，其付款方式有微信支付、信用卡支付、支付宝支付、储蓄卡支付等。

图 6-75

图 6-76

第三节　支付与出行

随着智能手机和移动互联网的不断发展与普及，人们的支付方式和出行方式正在发生着翻天覆地的变化。本节立足于日常生活，为农民朋友介绍一些实用的支付和出行的应用程序。

一、移动支付

移动支付是指用智能手机完成支付，属于电子支付方式的一种。与现金支付等传统方式相比，移动支付具有方便快捷、无须找零、杜绝假钞等优点。现在，随着移动支付越来越普及，很多人出行可以不带钱包，但是一定要带手机。

现在移动支付的主要方式为扫码支付。扫码支付可以分成两种，一种是主动扫码，就是拿出手机主动扫商家的收款码，收款方一般为小商贩、小饭馆等。另外一种是被动扫码，即出示付款码给商家的扫码仪器扫码，收款方一般为超市、商场、酒店等。现在人们主要用支付宝和微信应用程序来进行扫码支付。用户可通过扫描图 6–77 的二维码下载支付宝 App。

图 6–77

(一)支付宝支付

要使用支付宝进行支付,首先要注册一个支付宝账号,并开启付款功能。

●打开支付宝应用程序。打开手机,在手机桌面找到并点击支付宝的图标。

●主动扫码。点击支付宝首页的【扫一扫】(图 6–78),然后将手机屏幕对准商家提供的二维码进行扫描,在弹出的付款页面输入付款金额并点击【确认付款】(图 6–79),在确认付款页面点击【立即付款】(图 6–80),即完成此次支付(图 6–81)。

图 6–78

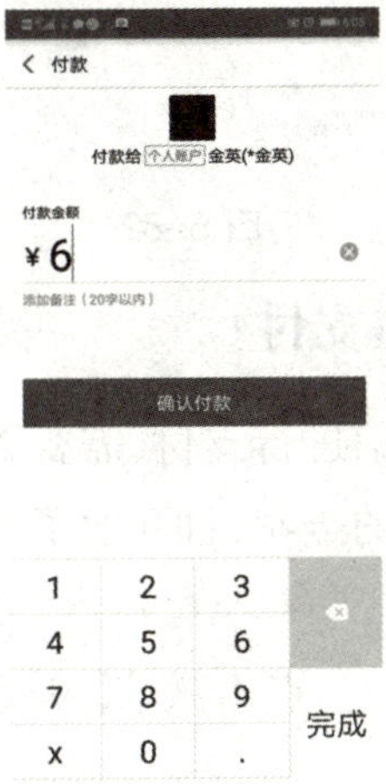

图 6–79

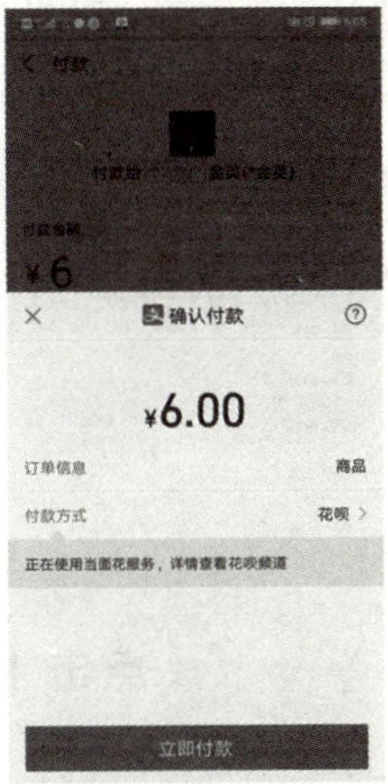

图 6–80

图 6–81

●被动扫码。点击支付宝首页的【付钱】(图 6-82),将手机屏幕上的二维码出示给商家,商家用扫码仪器对准该二维码进行扫描,即完成支付(图 6-83)。此过程付款金额由商家设置,无须消费者输入。

图 6-82

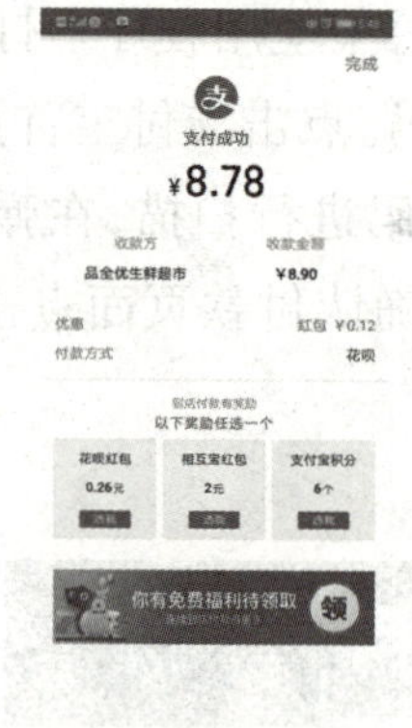

图 6-83

(二)微信支付

要使用微信进行支付,需要微信零钱有余额或微信绑定了银行卡,银行卡余额大于需要支付的金额,且开通了“微信支付”功能。微信扫码支付和支付宝扫码支付非常相似。

●主动扫码。点击微信【发现】→【扫一扫】(图 6-84),扫描商家二维码,之后和支付宝相似。

●被动扫码。点击微信【我】→【支付】(图 6-85),将手机屏幕上的二维码出示给商家。

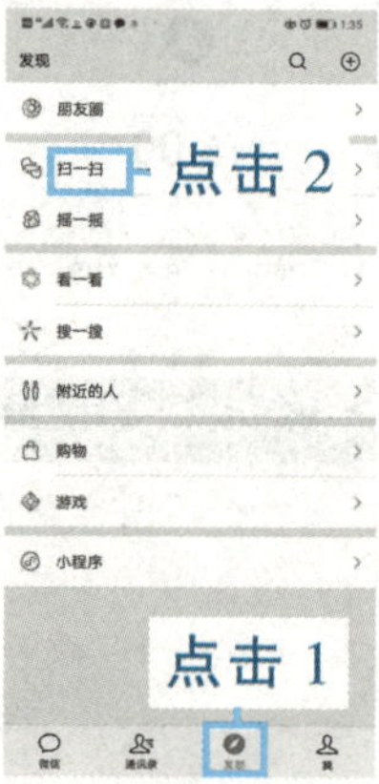

图 6-84

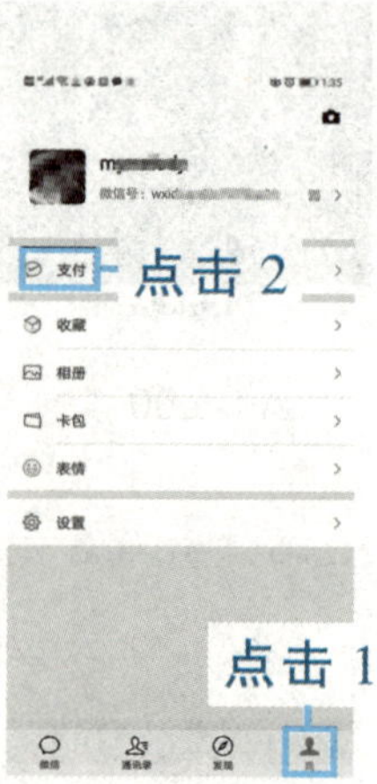

图 6-85

二、地图与导航

随着科技的发展，人们的生活越来越离不开地图导航。无论是开车出去游玩，还是在大城市中行走，我们都会用到手机地图。在手机软件中的地图导航软件也是层出不穷的，这为我们的出行带来了极大的方便。很多人在出发前都会用手机来导航，按照手机中的语音或路线提示，我们就能准确、高效地到达目的地。

地图导航类软件有很多，比如高德地图、百度地图、腾讯地图、搜狗地图等，其中最受用户欢迎的手机导航软件为高德地图和百度地图。

为了更好地使用导航类软件，需要先开启手机的定位服务。路径为【设置】→【安全和隐私】→【定位服务】。

用户可通过扫描图 6–86 的二维码下载百度地图 App。

图 6–86

以下介绍如何使用百度地图：

●打开百度地图应用程序。打开手机，在手机桌面找到并点击百度地图的图标。

●进入地图主页面。如果第一次打开该应用程序，会弹出服务条款页面，点击【同意】后即进入主页面，包括允许该应用程序访问手机的位置信息，可以看到自己当前位置和周边的地图，默认为经典地图主题。若想更换主题，点击主页面右侧的【图层】按钮，如图 6–87。

●更换地图主题。在弹出的“图层”页面的“地图主题”栏目中可以更换为“旅游玩乐”或“公交地铁”，如图 6–88。此外，还可以在该页面更换为“生活便民地图”栏目的充电桩地图、手机门店地图、内部全景地图等。

“旅游玩乐”如图 6–89，会重点标明各个景点位置、地铁口位置、卫生间和酒店等位置,是旅游时的好帮手。

“公交地铁”如图 6–90,可以看到所有的地铁站点,方便用户出行。

图 6–87

图 6–88

图 6–89

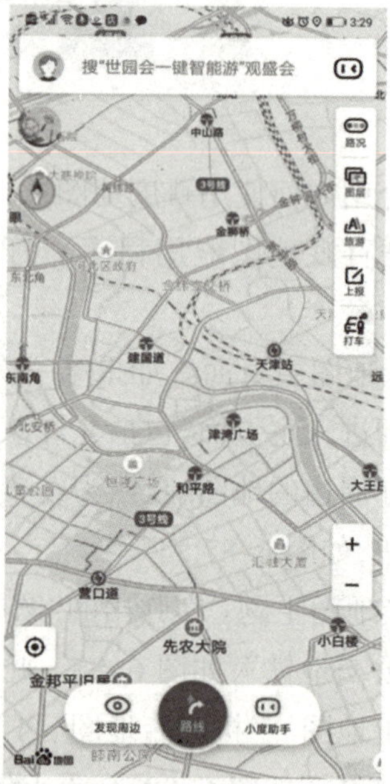

图 6–90

●搜索目的地。在地图主页面上方的搜索栏输入目的地名字进行搜索，如搜索“曹庄花卉”，结果如图 6–91，在搜索结果中找到目的地并点击。进入目的地页面，该页面标注了目的地的详细地址，点击该页面上的【到这去】按钮，如图 6–92。

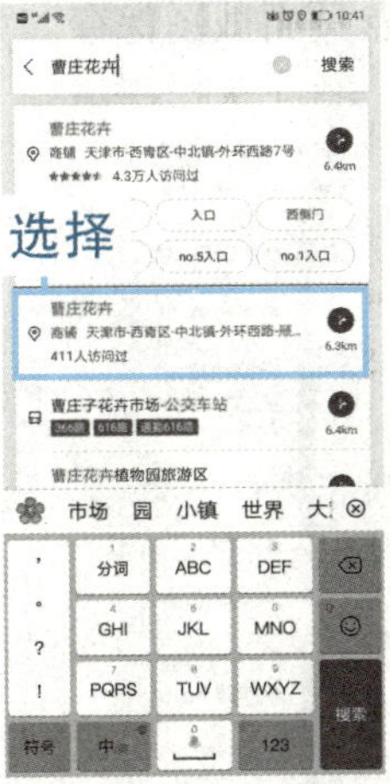

图 6–91

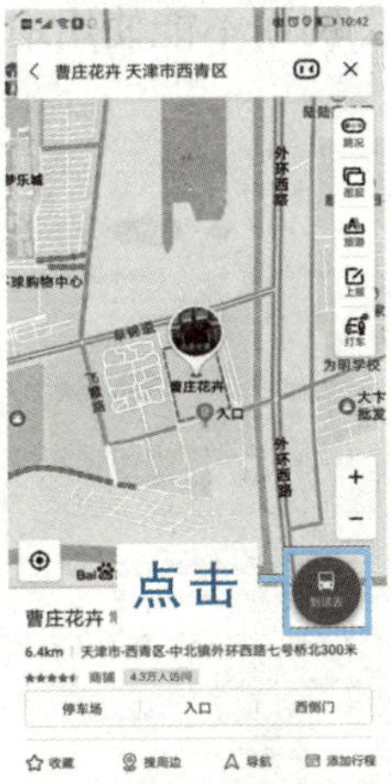

图 6–92

●驾车导航。进入路线图页面，如图 6–93，该页面默认为从“我的位置”到目的地的“驾车”线路图。如果起点不是“我的位置”，输入并更换起点位置名称即可。在该页面可以看到，除“驾车”路线外，还可以选择“打车”“公交”“步行”“骑行”“火车”等。

该页面规划了三条出行方案，选择最合理的方案，点击右下角的【开始导航】按钮，即可进入导航页面开始导航，汽车导航页面如图 6–94。

图 6–93

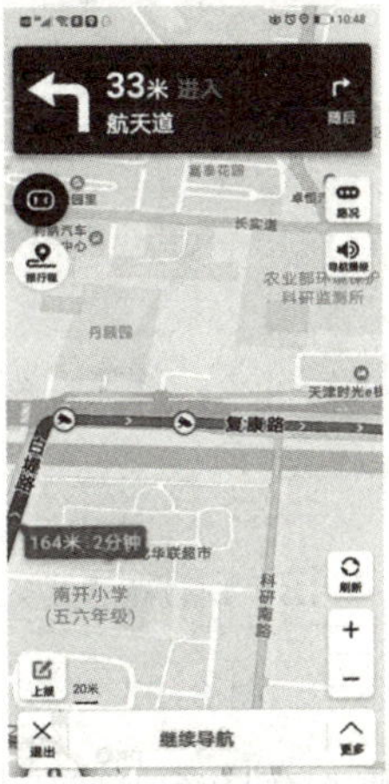

图 6–94

●查询公交路线。在图 6–93 的路线图页面点击【公交】切换至公交页面，可以看到从起点到终点的所有公交乘车路线，如图 6–95。用户可根据实际情况选择。点击任一条公交路线，可查看该路线的具体乘车、换车站点，如图 6–96。为了防止出门在外无法上网而不能使用地图，可以提前将该站点页面截图保存。

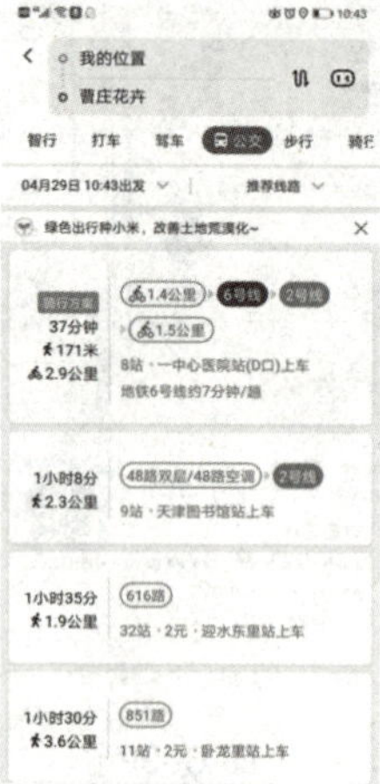

图 6–95

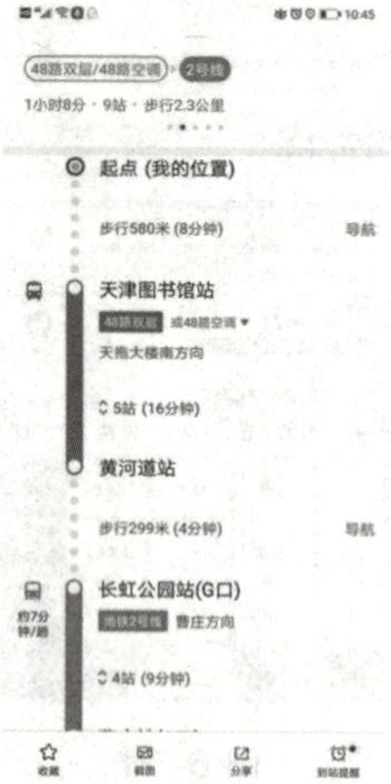

图 6–96

●步行导航。在图 6–93 的路线图页面点击【步行】切换至步行路线图，如图 6–97。选择好出行方案点击右下角的【开始导航】按钮，即进入步行导航页面，如图 6–98。步行导航页面右下角有一个【实景导航】按钮，该功能非常适合辨不清方向的用户使用。

图 6–97

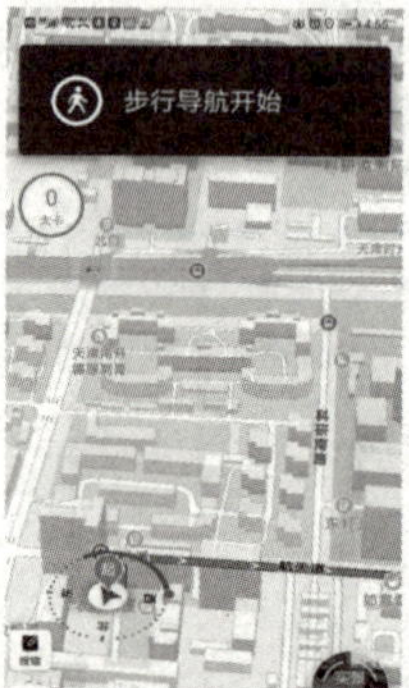

图 6–98

●骑行导航。在图 6–93 的线路图页面点击【骑行】切换至骑行路线图，如图 6–

99。选择好出行方案点击右下角的【开始导航】按钮，即进入骑行导航页面，如图 6-100。

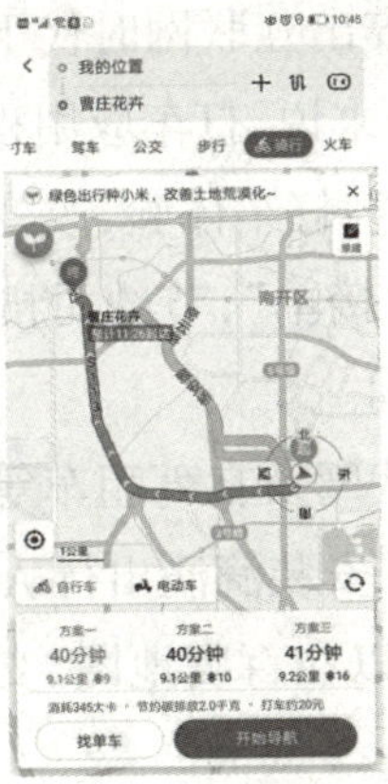

图 6-99

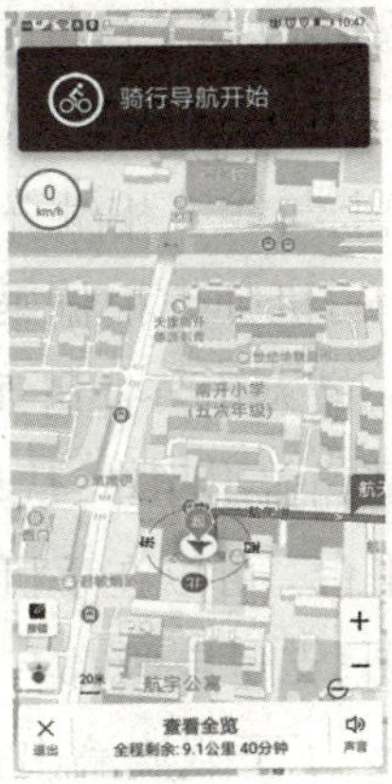

图 6-100

●打车。在图 6-93 的路线图页面点击【打车】切换至打车页面，如图 6-101。可选择出租车、快车、专车等打车方式，页面上还给出了每种打车方式的预估价格。例如，选择“快车”，点击【同时呼叫】，之后等待司机接单即可。

用户可扫描图 6-102 学习如何用百度地图进行导航。

图 6-101

图 6-102

三、打车出行

随着人们生活节奏的加快，人们对出行效率的要求也越来越高。当农民朋友出门在外想要打车却又正值不好打车的时间段，可以通过手机中的汽车出行服务类应用程序来快速打车。此类应用程序有滴滴出行、曹操出行、嘀嗒出行等。

这些应用程序改变了传统打车方式，建立培养出互联网时代下用户引领的现代化出行方式。较传统的电话叫车与路边招手叫车来说，打车应用程序利用移动互联网特点，将线上与线下相融合，最大限度优化乘客打车体验，改变传统出租车司机等客方式，让司机师傅根据乘客目的地按意愿“接单”，节约司机与乘客沟通成本，降低空驶率，最大化节省司乘双方的资源与时间。

滴滴出行是涵盖出租车、快车、拼车、顺风车、代驾及自驾租车等多项业务在内的一站式出行平台。可以在手机应用市场中下载并安装滴滴出行 App。此外，滴滴出行与百度地图、支付宝等都有合作，因此用户可以在百度地图、支付宝中使用滴滴出行打车，省去了下载滴滴出行 App 的步骤。

以下介绍如何使用支付宝中的滴滴出行。

●点击滴滴出行。打开支付宝，在应用列表中点击【滴滴出行】，如图 6-103。

●呼叫出租车。进入滴滴出行后，系统会自动定位到当前位置，用户可以使用该地址作为上车地点；或者重新设定上车地点。填好上下车地点后点击【呼叫出租车】，如图 6-104，等待司机接单。

●付款。到达指定的送载地址后，可以采用手机支付、现金支付等方式付款给司机。

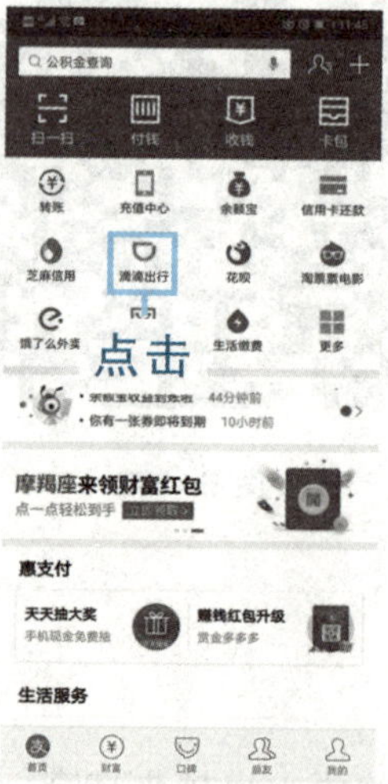

图 6-103

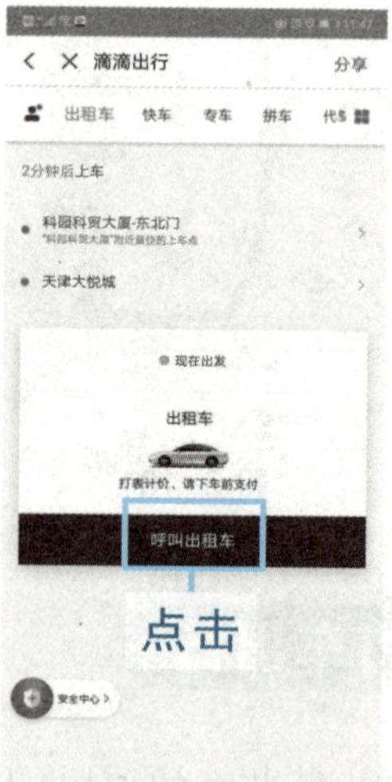

图 6-104

第四节　网上预订

网上预订旅游行程、酒店、火车票、飞机票等，不仅方便快捷，可能有价格上的优惠，还避免了现场订不到票的风险。

一、旅行预订

在计划一次旅行时需要考虑是否跟团、住宿等问题。现在国内有一些综合性的旅游平台应用程序，提供机票、酒店、门票、行程等旅游产品的深度搜索，如携程旅行、去哪儿旅行、飞猪、途牛旅游、艺龙旅行等。用户可通过扫描图 6-105 的二维码下载携程旅行 App。

图 6-105

以下以携程旅行为例，介绍旅行相关产品的预订：

（一）查看景点攻略

●打开携程旅行应用程序。打开手机，下载并安装好携程旅行应用程序，在手机桌面找到并点击携程的图标。第一次使用携程需注册用户并登录。

●找到攻略按钮。在携程首页找到并点击“攻略·景点”按钮，如图 6-106。

●输入景点名称。进入“攻略·景点”页面（图 6-107），在上方的搜索框中输入景点名称并进行搜索,例如搜索“西双版纳”。

●浏览景点攻略。进入“西双版纳”页面(图 6–108),可以浏览该地的景点介绍、畅游方式、美食、住宿攻略、周边目的地,以及行程路线规划等信息。除各主题的介绍外,还可以阅读其他用户的评论作为参考。

图 6–106

图 6–107

图 6–108

(二)预订旅游行程

以预订从天津到西双版纳的跟团游为例:

●找到【旅游】按钮。在携程首页找到旅游板块的按钮并点击,如图 6–109。

●点击【跟团游】。进入旅游页面,点击【跟团游】,如图 6–110。

●搜索目的地。进入跟团游页面(图 6–111),在页面上方的搜索框中输入目的地名称,如“西双版纳”。

●浏览旅游产品。进入搜索结果页面(图 6–112),选择页面上方的【出发地参团】,可以看到很多含西双版纳的跟团游产品。每个产品都能点击进入查看旅游线路行程及游客评价。

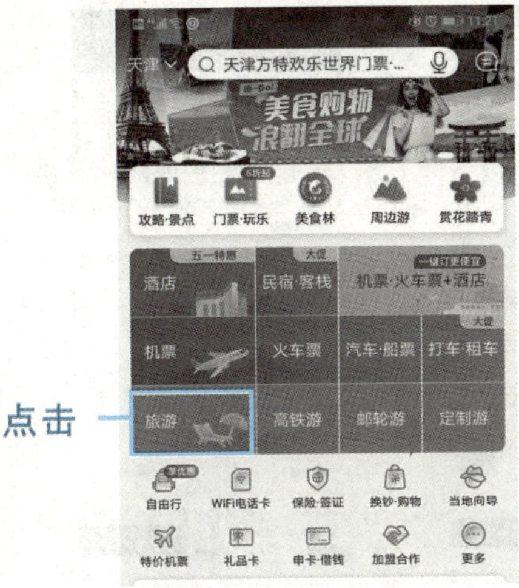

图 6–109

图 6–110

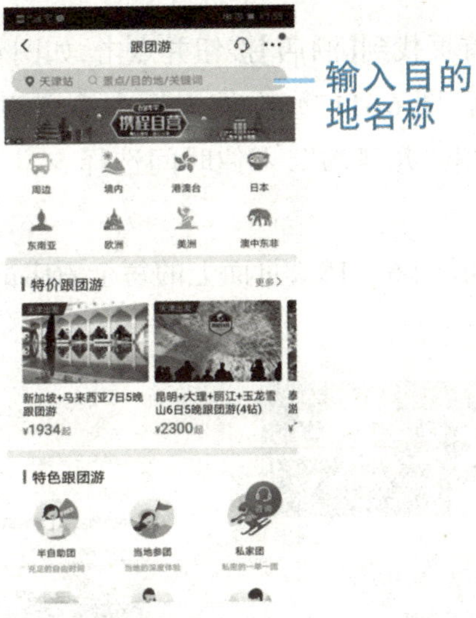

图 6–111

图 6–112

●预订旅游行程。在选择好的旅游产品页面点击【立即预订】(图 6–113),在弹出的页面中选择出行日期和人数,点击【确定】(图 6–114),在订单页面填写出行人信息、联系人信息等,点击【去付款】(图 6–115),之后按照提示完成付款,即完成跟团游产品的预订。预订好后会有携程工作人员或导游给联系人打电话。预订后如有任何疑问也可以拨打携程客服电话。

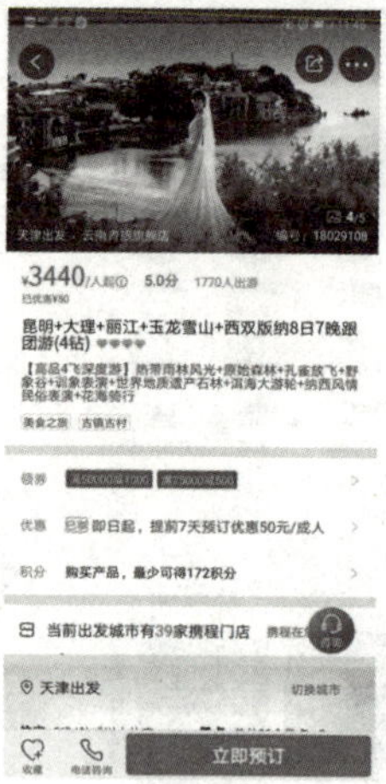

图 6-113

图 6-114

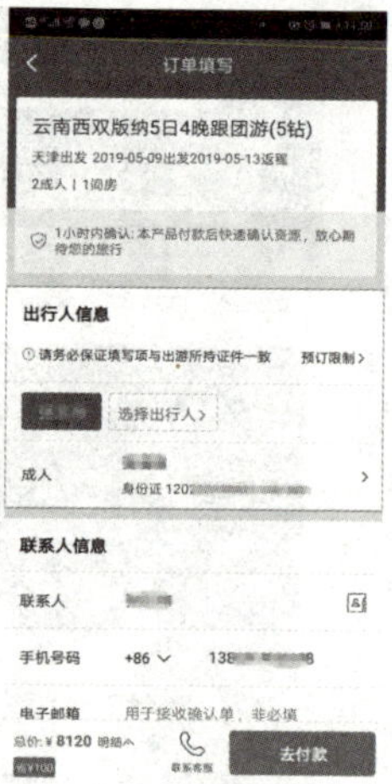

图 6-115

（三）预订酒店

●找到【酒店】按钮。在携程的首页找到【酒店】按钮并点击，如图 6-116。

●搜索酒店。进入"酒店"页面（图 6-117），在搜索框中输入酒店所在的地点、入住时间，点击【查询】。例如搜索"九寨沟"，入住时间选择 5 月 15 日至 5 月 17 日。

●选择酒店。进入搜索结果页面（图 6-118），页面上的每个酒店都能点击进去查看介绍、房间价格、游客评论等。

图 6-116

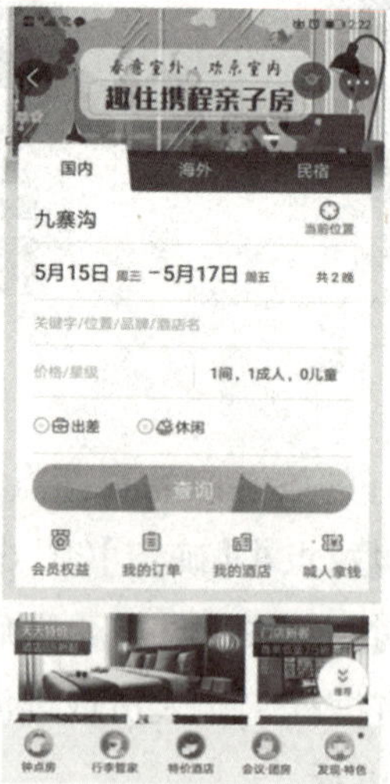

图 6-117

图 6-118

●预订酒店。在想要入住的酒店页面选择好房型(图 6–119),之后在订单确认页面(图 6–120)点击【去支付】完成支付,即完成酒店预订。

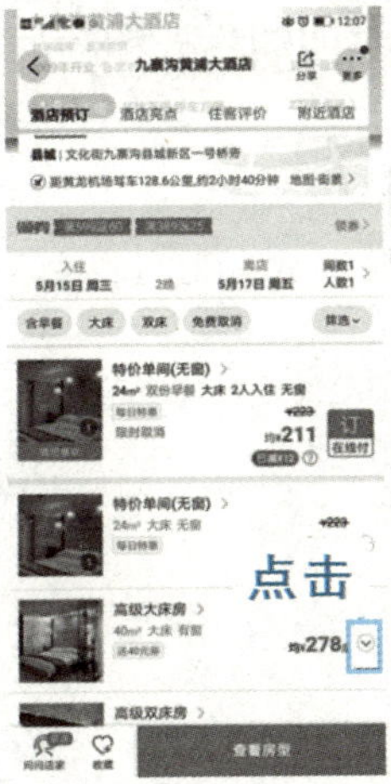

图 6–119

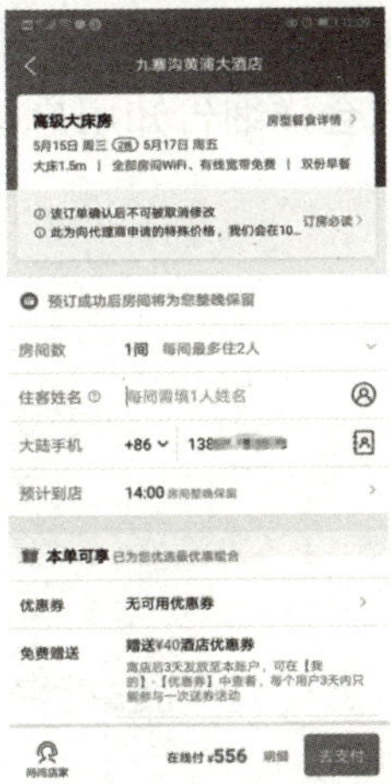

图 6–120

(四)景点门票预订

景点门票在使用前一天预订即可,当天有可能预订不到。网上预订景点门票的优点是避免了现场排队买票,而且价格一般会比现场购买便宜一点。

●搜索景点门票。在携程首页最上方的搜索框中搜索景点名称,如搜索“瞻园”,搜索结果如图 6–121,在分类栏点击【景点门票】。

●选择景点门票。在“景点门票”页面选择景点,如图 6–122。

图 6–121

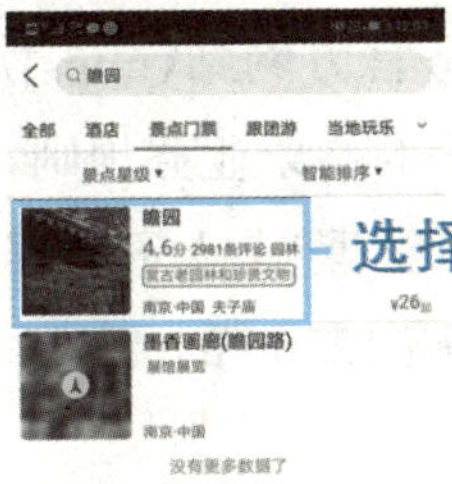

图 6–122

●预订景点门票。进入景点门票页面，如图 6-123，有时会看到不同旅行社来源的门票，价格、使用要求等也略有不同。用户根据需要选择想要购买的门票，点击【立即预订】，并根据提示完成付款，即完成景点门票的购买。购买后用户会收到确认短信，短信内会详细告知用户检票方法。

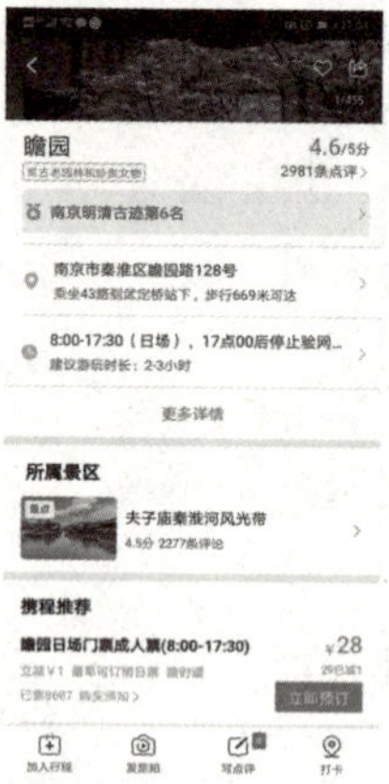

图 6-123

二、火车票预订

在手机上预订火车票可以通过微信的第三方服务、支付宝的第三方服务、携程旅行、铁路 12306 应用程序等多种方式进行预定。

“铁路 12306”应用程序是中国铁路客户服务中心推出的官方手机购票应用软件，与火车票务官方网站（https://www.12306.cn/index/）共享用户、订单和票额等信息，并使用统一的购票业务规则，软件具有车票预订、在线支付、改签、退票、订单查询、常用联系人管理、个人资料修改、密码修改等功能。用户可通过扫描图 6-124 的二维码下载铁路 12306 的 App。

图 6-124

需要注意的是，铁路 12306 每日 06:00~23:00 提供服务，在铁路 12306 购票、改签和退票须不晚于开车前 30 分钟；办理“变更到站”业务时，不可晚于开车前 48 小时。

使用“铁路 12306”预订火车票，需先注册账号并登录，注册账号要添加自己的姓名和身份证号完成实名认证，还要保存电话号码等信息，方便买票。

(一)用“铁路 12306”添加联系人

若需要帮其他人购买火车票，需先添加联系人，否则无法直接帮其买票。

●打开“铁路 12306”应用程序。打开手机，在手机桌面找到并点击“铁路 12306”的图标。

●点击“我的”。进入“铁路 12306”应用程序首页，点击右下角【我的】，如图 6-125。

●点击“姓名栏”。进入“我的 12306”主页，点击第一栏，即显示本人姓名那一栏，如图 6-126。

●点击“常用联系人”。进入个人资料页面，点击“常用联系人”一栏，如图 6-127。

●添加联系人。进入“常用联系人”页面，显示了当前已添加的全部联系人。点击页面右上角的【添加】按钮添加新联系人，如图 6-128。

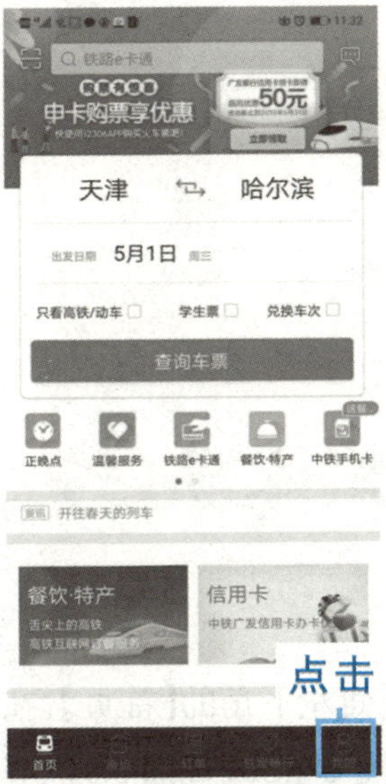

图 6-125

图 6-126

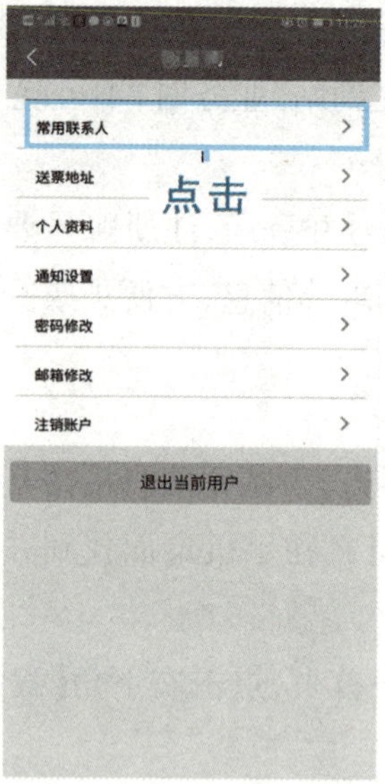

图 6-127

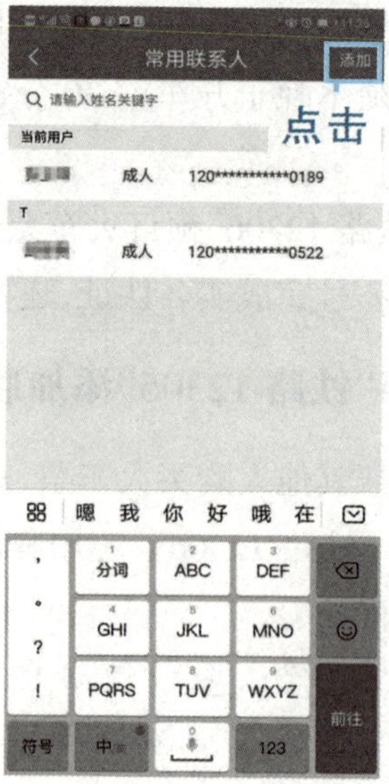

图 6-128

●填写联系人详细信息。进入“添加乘车人”页面，选择证件类型，填写姓名、证件号码、电话等信息，填写完毕后点击页面右上角【完成】按钮，如图 6-129，即添加该联系人成功，之后就可以为其购买火车票了。

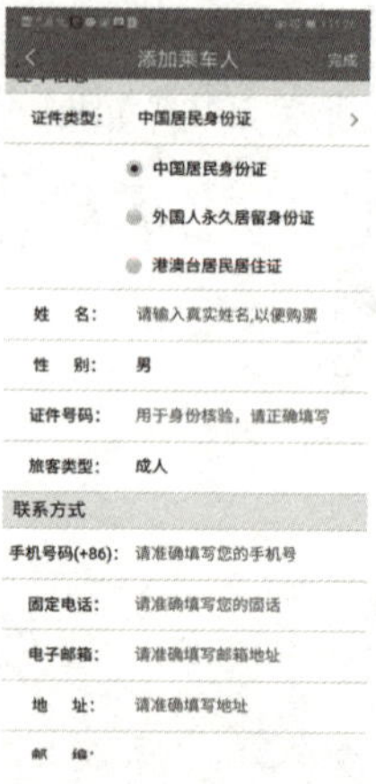

图 6-129

（二）用“铁路 12306”购买火车票

●点击进入“铁路 12306”应用程序。点击页面左下角的【首页】，在该页面选择起始站点和出发日期，之后点击【查询车票】，如图 6-130，查询 5 月 30 日从天津去往哈尔滨的车票。

●选择适合且有余票的车次。进入车次搜索结果页面，可上下滑动屏幕查看当天的所有车次，包含了起止时间、剩余票数等信息，选择适合的车次并点击，如图 6–131 所示。

●选择乘客。进入“选择乘客”页面，勾选乘客名字，之后点击右上角的【完成】按钮，如图 6–132 选择了两位乘客。

图 6–130

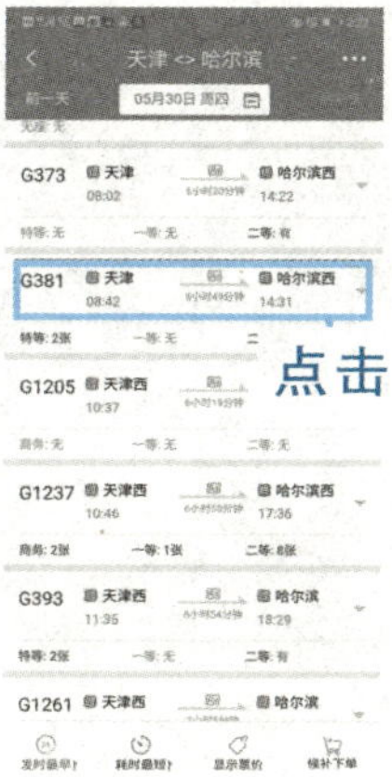

图 6–131

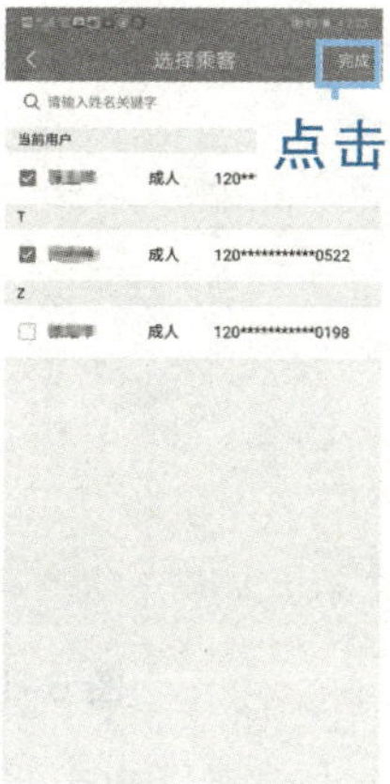

图 6–132

●选择座位。进入“确认订单”页面，找到并点击【选座服务】，如图 6–133。在弹出的座位图中可选择靠窗、靠过道的座位，或者二连座、三连座，如图 6–134 为这次出行的二人选择了挨着的二连座，之后点击【确认】按钮。回到“确认订单”页面，可以看到【选座服务】后面显示了选择的座位，之后点击【提交订单】，如图 6–135。

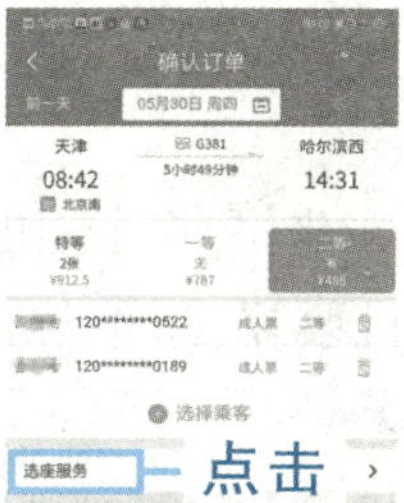

图 6–133

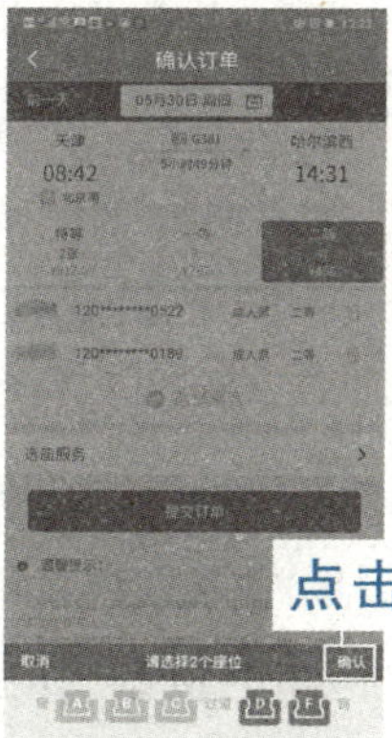

图 6–134

图 6–135

●提交订单并支付。进入“待支付”页面，确认订单无误后，点击右下角的【立即支付】按钮，如图 6-136（注：系统预留支付时间为 30 分钟，否则订单会被取消）。之后进入“支付”页面，如图 6-137，选择一种支付方式并完成付款。

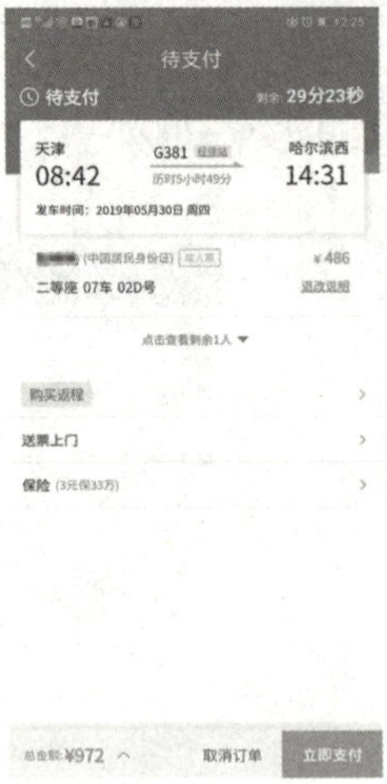

图 6-136

图 6-137

二、飞机票预订

在手机上预订飞机票可以通过天津航空、厦门航空、东方航空、春秋航空、四川航空、海南航空等各航空公司官方应用程序进行预定，以及微信的第三方服务、支付宝的第三方服务、携程旅行、飞猪、去哪儿旅行等多种第三方应用程序。以下介绍支付宝购买飞机票的使用方法：

（一）用支付宝购买飞机票

●找到订飞机票应用。若首页找不到订飞机票的路径，点击【更多】按钮（图 6-138），在“更多应用”页面的“第三方服务”栏目找到【火车票机票】图标并点击，如图 6-139。

●搜索机票。进入“火车票机票”首页，点击【国内/国际机票】栏目，选择机票预订形式，如选择“单程”机票，选择起始站点和出发时间，之后点击【搜索机票】按钮，例如搜索 5 月 21 日从天津出发去杭州的机票，如图 6-140。

●选择机票。进入机票搜索结果页面，系统默认按价格从低到高排序。选择想要购买的机票并点击，如图 6-141。

图 6-138

图 6-139

图 6-140

图 6-141

●选择舱位。进入“选择舱位”页面，该页面显示了不同商家提供的舱位信息及价格，点击想要购买的舱位，如图 6–142。

●确认舱位信息。进入所选舱位详细信息页面，确认无误后点击右下角的【立即预订】，如图 6–143。

●订单填写。进入订单填写页面，需添加乘机人、填写联系人联系方式、选择保险等，再点击右下角的【去付款】按钮，如图 6–144。之后按照页面提示完成付款，即完成机票购买。

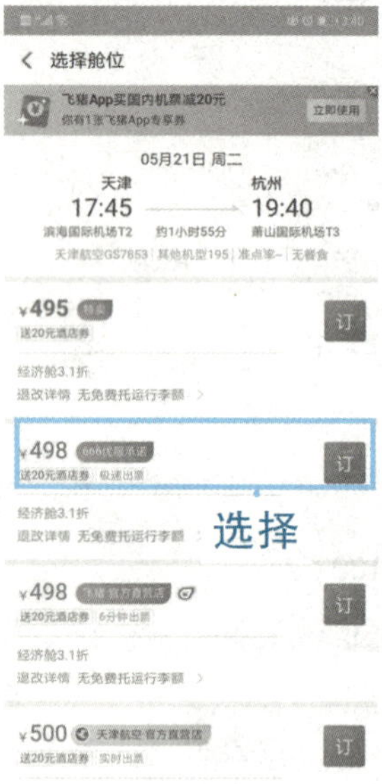

图 6–142

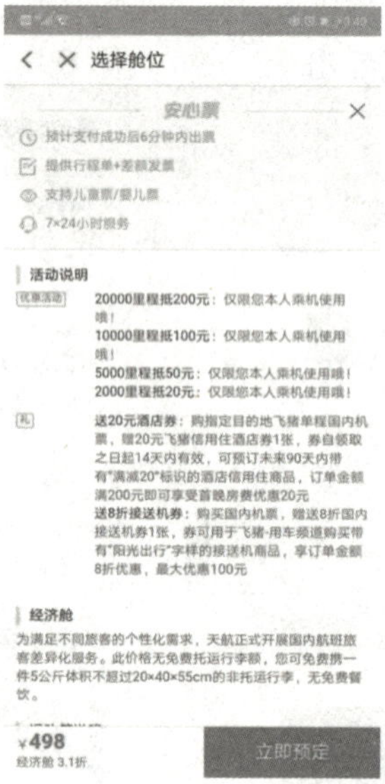

图 6–143

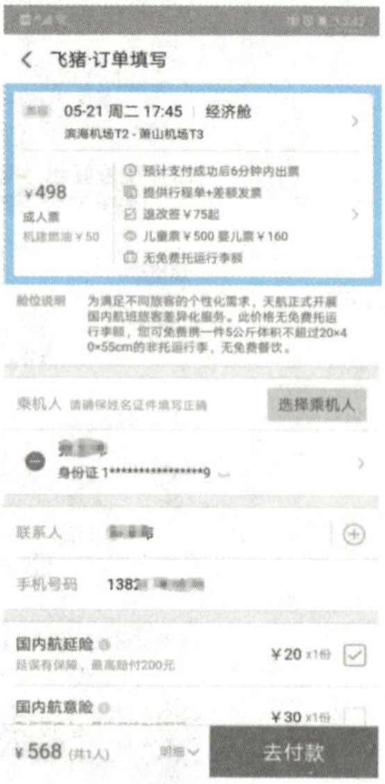

图 6–144

(二)用支付宝查询特价机票

支付宝还提供了查看特价机票的功能。

●找到特价机票页面。进入支付宝“火车票机票”首页，点击“特价机票”后面的【更多特价】按钮，如图 6–145。

●填写机票信息。进入特价机票页面，可以自己设定起点城市、终点城市及出发大概时间，之后点击【搜索全球特价】，如图 6–146 所示。

●浏览特价机票。搜索结果如图 6–147 所示，可点击任一机票进行购买。

●购买机票。进入所选机票页面，可以浏览机票详细信息及剩余可订机票数量，如图 6–148 所示，用户可根据需要购买。

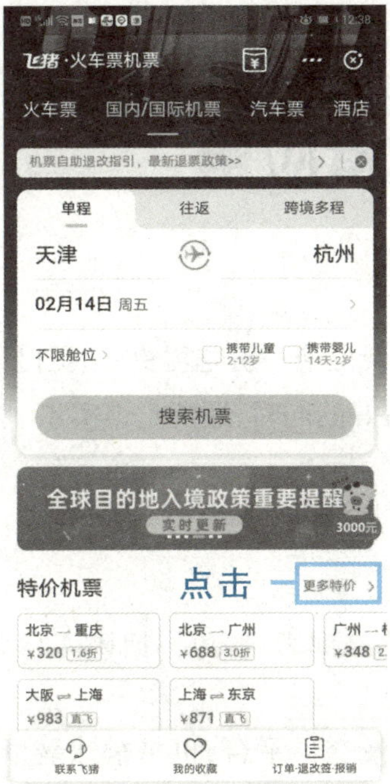

图 6-145

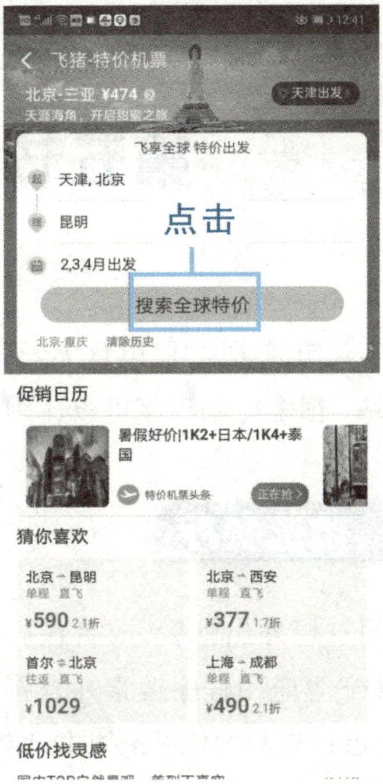

图 6-146

图 6-147

图 6-148

第五节 饮食应用

中国人有句俗话说“民以食为天”，没有人会拒绝一份吃得更好、更健康、更实惠的饮食指南。很多应用程序可以让用户在吃得好的同时，还能吃得实惠、吃得方便。

一、挑选餐厅

农民朋友想外出就餐，或者在旅途中寻找当地美食，可以使用大众点评、百度糯米、ENJOY 等应用程序搜索并查看餐厅信息。

“大众点评”是中国领先的本地生活信息及交易平台，也是全球最早建立的独立第三方消费点评网站。大众点评不仅为用户提供商户信息、消费点评及消费优惠等信息服务，同时也提供团购、餐厅预订、外卖及电子会员卡等 O2O 模式（Online To Offline）交易服务。用户可通过扫描图 6-149 的二维码下载大众点评 App。

图 6-149

以下介绍“大众点评”的使用方法。

●打开“大众点评”应用程序。打开手机，在手机桌面找到并点击“大众点评”的图标。

●查找美食。进入该应用程序，用手机号注册并登录，进入程序首页，该页面中会定位并显示当前所在的城市，找到并点击【美食】按钮，如图 6-150。

●查看附近餐馆。进入美食推荐页面，可上下滑动屏幕查看附近的餐馆，且该页面还可以对搜索结果进行筛选和排序，如图 6–151，点击【附近】可以在下拉菜单中选择商区和限定附近餐馆的距离范围；点击【美食】可以在下拉菜单中选择小吃快餐、天津菜、面包甜点、火锅等美食种类；点击【智能排序】可以将餐馆按距离优先、人气优先、好评优先等排序。若要查看某一餐馆的详细信息，可点击该餐馆。

●查看餐馆详情。进入餐馆详情页面，可以看到餐馆名称、人均消费、地理位置、联系电话、优惠信息、菜品推荐、游客点评等。和其他类似应用程序相比，大众点评在发点评、看点评方面比较受用户认可，因此可以参考的评价比较多。点击餐馆详情页面的【点评】按钮即可以查看其他用户对该餐厅的评价，如图 6–152。

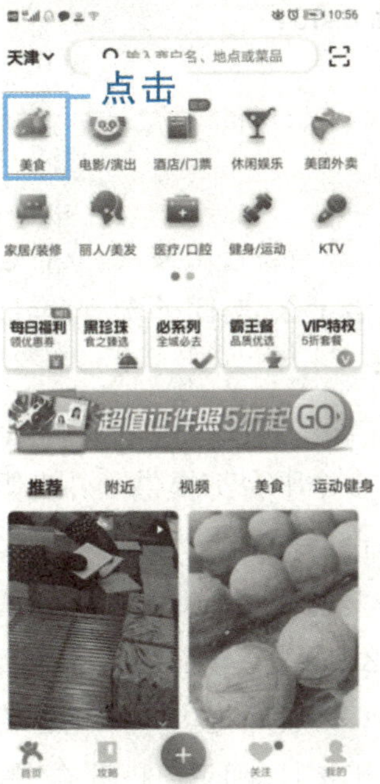

图 6–150

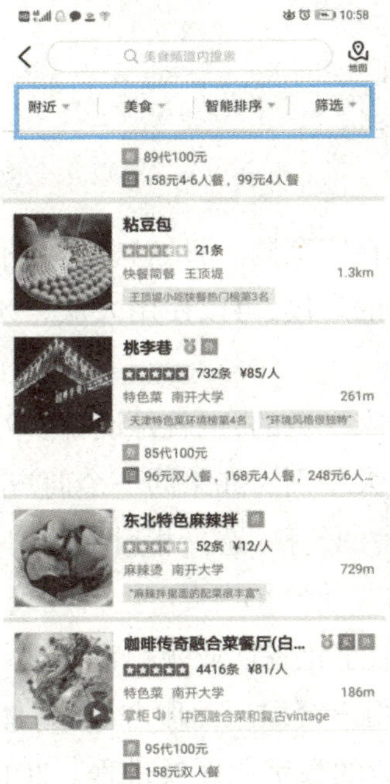

图 6–151

图 6–152

●查看评价。进入“点评”页面，可查看系统精选的两条评价，若要查看更多评论作为消费参考，可点击页面下方的【查看全部精选点评】按钮，如图 6–153。之后进入“全部点评”页面，可上下滑动查看全部点评信息，由于系统默认把精选好评排在前面，可点击【最新点评】将所有点评按时间由近到远排序，或者点击【差评】查看差评都是哪方面的，如图 6–154。

图 6-153

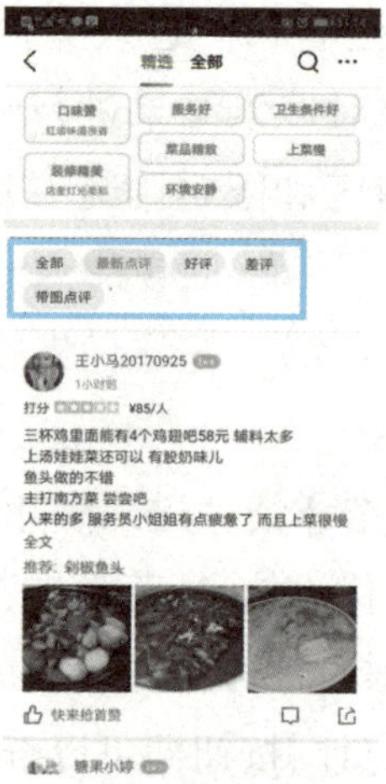

图 6-154

二、网上订餐

很多农民朋友习惯自己在家烹制一日三餐，当偶尔想要品尝餐馆美食，或者想要为家中的餐桌增添新花样的时候，可以使用大众点评、饿了么、美团外卖、百度糯米等应用程序点餐。

因为很多商户是固定一家平台的，也就是说百度外卖能找到商户，“饿了么”不一定有，反之亦然，这个没太大差别。如果同一个商户在多个平台都提供了外卖服务，可以比较一下同一种餐食的价格，选择相对优惠的平台点餐。

“饿了么”是中国专业的餐饮 O2O 平台，主营在线外卖、新零售、即时配送和餐饮供应链等业务。作为中国数字化餐饮业领跑者，“饿了么”以建立全面完善的数字化餐饮生态系统为使命，为用户提供便捷服务、极致体验，为餐厅提供一体化运营解决方案，推进整个餐饮行业的数字化发展进程。2018 年 4 月，阿里巴巴联合“蚂蚁金服”对“饿了么”完成全资收购，“饿了么”全面并入阿里巴巴推进的新零售战略，拓展本地生活服务新零售的全新升级。

以下介绍“饿了么”使用方法：

●打开“饿了么”。使用“饿了么”可去手机应用商店下载安装应用程序，或者无须下载，在手机淘宝或支付宝中打开“饿了么”，直接用淘宝账户点外卖。用淘宝点外卖如图 6-155，打开手机淘宝，点击首页的【饿了么】。

●选择订餐种类。进入“饿了么”首页，可选择订餐种类，如美食、甜品饮品、水果、送药上门等，选择并点击【美食】，如图 6–156。

●选择店铺。进入“美食”页面，可上下滑动屏幕查看综合排序的店铺，用户想要更精确地点餐，可根据实际需求选择美食分类，如选择“面食粥点”，之后在该分类下选择店铺，如图 6–157。

图 6–155

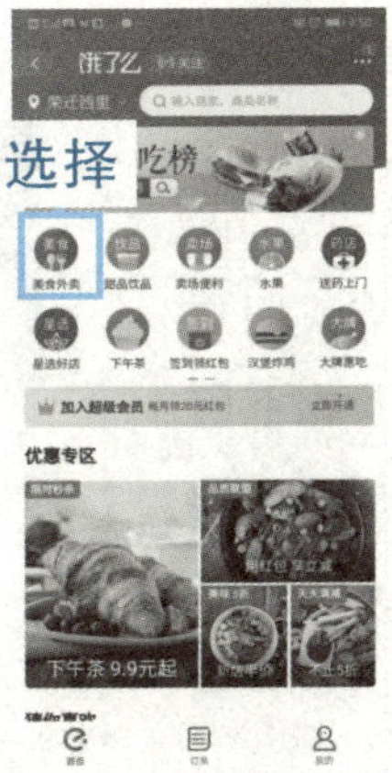

图 6–156

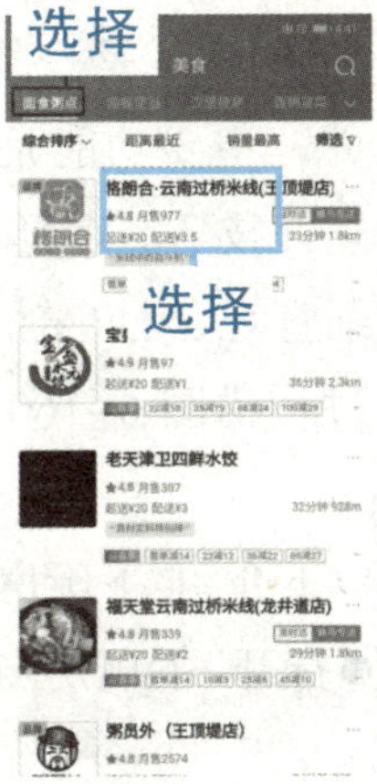

图 6–157

●查看店铺评价。进入店铺页面，点击页面上方的【评价】按钮，即可看到用户对该店铺外卖质量的评价，如图 6–158。

●点餐。回到店铺页面，可上下滑动屏幕查看所有菜品，若要添加某菜品，点击该菜品右侧的加号按钮【⊕】即可，若添加后不想要了点击减号按钮【⊖】即可，选好后点击右下角的【去结算】按钮，如图 6–159。之后在弹出的页面确认订单信息，完成付款，即完成这次外卖订餐。

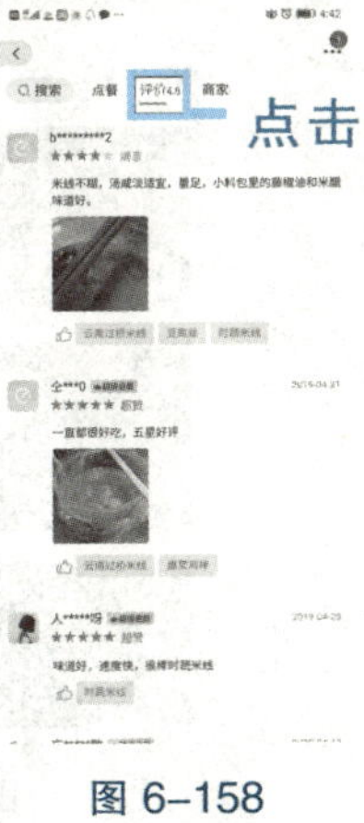

图 6–158

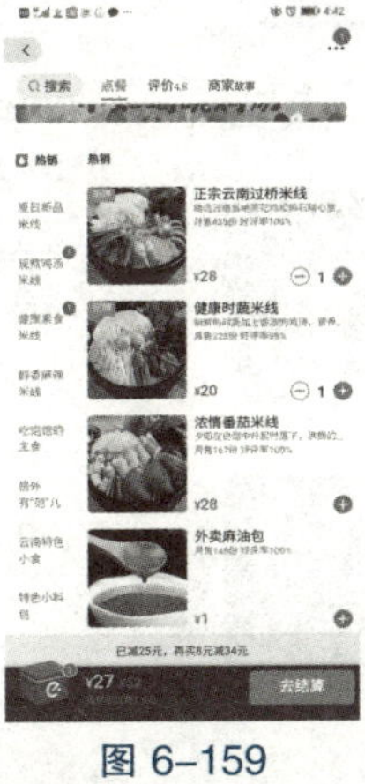

图 6–159

三、查询菜谱

农民朋友如果喜欢下厨，可以使用一些具有菜谱分享、厨艺交流等功能的应用程序，如下厨房、网上厨房、美食杰、豆果美食等。

“下厨房”是一款比较流行的美食菜谱软件，主要功能是提供各种美食做法以及烹饪技巧。它具有菜谱种类丰富、做法详细直观、用户交流活跃等优点。用户可通过扫描图 6-160 的二维码下载下厨房 App。

图 6-160

以下介绍“下厨房”使用方法。

●打开“下厨房”应用程序。打开手机，在手机桌面找到并点击“下厨房”的图标。

●点击搜索栏。进入“下厨房”首页，可以看到一些程序推荐内容，点击页面上方的搜索栏，如图 6-161。

●搜索菜谱。进入搜索页面，可以在搜索栏下方展开的列表中直接点击关键词进行搜索，也可以在搜索栏中输入要搜索的关键词，如图 6-162。

●选择菜谱。例如，在搜索栏中搜索“鱼香肉丝”，进入菜谱搜索结果页面，可上下滑动屏幕浏览菜谱，点击即可阅读菜谱详情，如图 6-163。

图 6-161

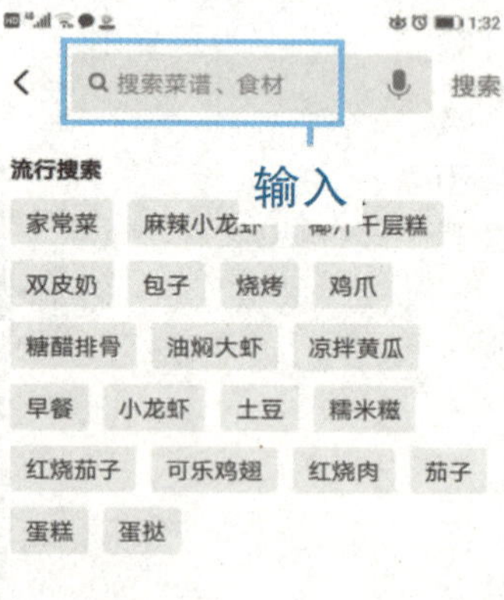

图 6-162

图 6-163

●和作者互动。进入菜谱页面即可浏览该菜谱的详细信息。此外，点击菜谱页面下方的按钮【 】还可以发留言和作者交流互动，如图 6–164。点击后的交流页面如图 6–165。

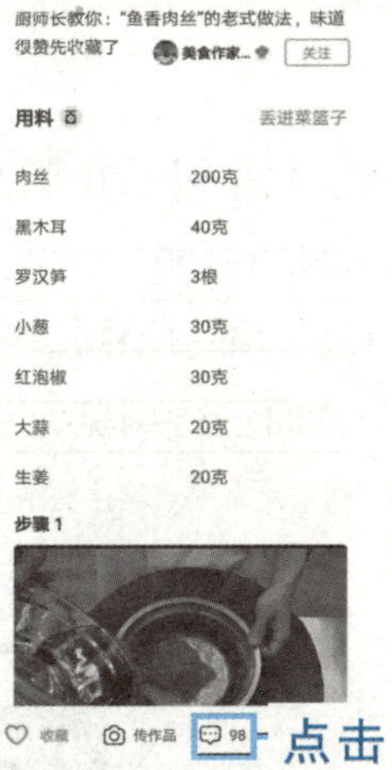

图 6–164

图 6–165

第六节　医疗及生活服务

移动互联网为人们的生活带来了便利，人们不仅可以用手机挂号，还可以用手机交水费、电费、煤气费。

一、预约挂号

“一号难求”是当前在许多大型医院挂专家号的普遍现象。预约挂号是各地近年来开展的一项便民就医服务，旨在缩短看病流程，节约患者时间。这种预约挂号大多通过医疗机构提供的电话或者网络进行，基本上是免费或者只收取很少的手续费。由于预约挂号需要事先登记患者的信息，促进“实名制”的推行，并且可以减少在医院挂号窗口排队等待的时间，因此它一定程度上也有利于改善就医环境，受到了不少患者的肯定和欢迎。

目前用手机挂号的途径很多，如微信中的挂号平台、支付宝的“医疗健康”服务、“金医宝”“科瑞泰 Q 医”等综合性挂号 App，某医院的 App，某医院的微信公众号等。如果用户不知道去哪个平台挂某个医院的专家号，可以用浏览器搜索该医院的网站，在网站上寻找该医院的预约挂号途径。

以下介绍用微信预约挂号的方法。

●点击挂号平台。打开手机微信，点击【我】→【支付】→【城市服务】，在“我的城市服务”页面找到并点击【天津市统一挂号平台】，如图 6–166。

●点击“预约挂号”。进入天津市统一挂号平台，点击【预约挂号】，如图 6–167。

●选择医院。进入医院列表页面，可上下滑动页面进行浏览，点击想要挂号的医院，如图 6–168。

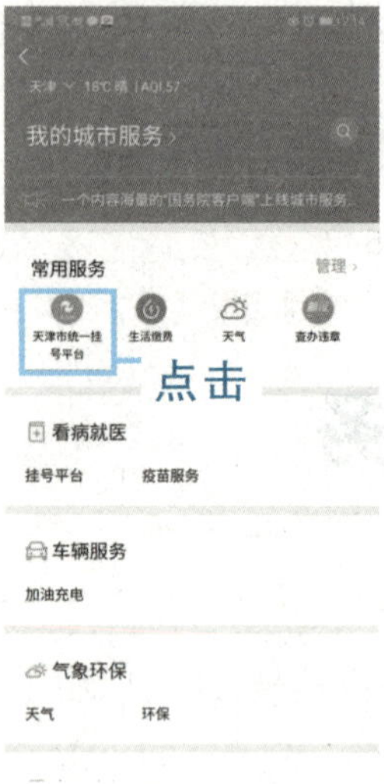

图 6–166

图 6–167

图 6–168

●选择科室。进入医院信息页面，浏览科室列表，找到想要挂号的科室并点击，如图 6–169。

●选择医生。在该科室的医生列表中选择医生，点击【预约】按钮，如图 6–170。

●预约。进入该医生的预约挂号页面（如果是第一次使用该系统，在进入此页面之前系统会提示用手机号注册用户），如果该医生的出诊时间有余号且本人也能到达医院，点击【立即预约】，如图 6–171。之后按照提示完成预约。预约结果可在挂号平台的“个人中心”查看。

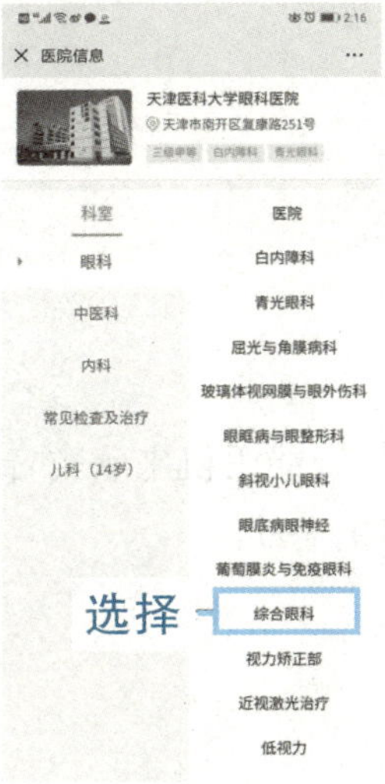

图 6–169

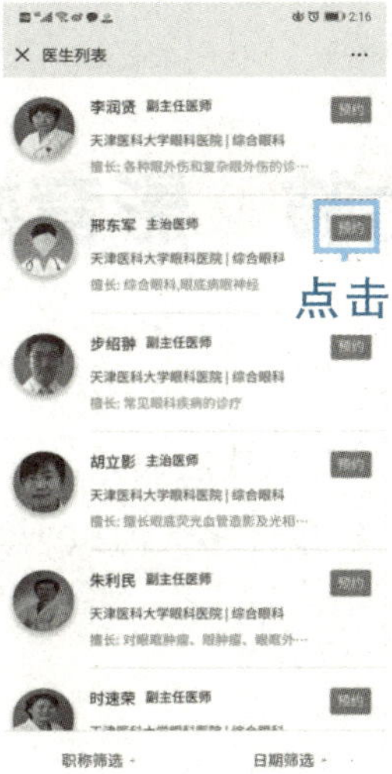

图 6–170

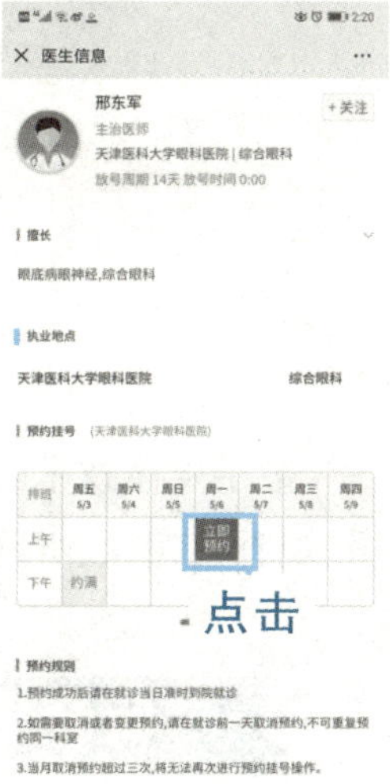

图 6–171

二、生活缴费

支付宝、微信都提供“城市服务”功能，打开生活缴费这些软件的链接窗口，找到水、电、煤气的网上支付平台，填写用户的水表、电表、煤气表的号码，建立自己的账户，设置密码就可以缴费（具体步骤应根据智能手机的提示操作）。

支付宝的“生活缴费”在“便民生活”栏目中，图标如图 6–172。点击该图标后缴费页面如图 6–173。

图 6–172

图 6–173

第七节 影音娱乐

数字媒体技术的发展改变了人们获取娱乐的方式。如今，用智能手机来欣赏音乐、观看视频、收听网络广播，已经是许多人习以为常的休闲娱乐活动。

一、听音乐

农民朋友如果喜欢听歌，可以使用一些音乐播放类的应用程序，如虾米音乐、QQ 音乐、酷狗音乐、酷我音乐、网易云音乐等。这些应用程序提供了丰富的曲库，用户可以在联网的状态下在线收听音乐，还可以将音乐下载存储于手机中，在不方便联网时离线播放。此外，K 歌类应用程序现在也很受用户欢迎，如全民 K 歌，具有智能打分、专业混音、好友擂台、趣味互动以及社交分享等功能。

“虾米音乐”是发现专业的音乐内容及消费平台，依托曲库全、分类细，同时致力于扶持原创音乐。用户可通过扫描图 6-174 的二维码下载虾米音乐 App。

图 6-174

以下介绍“虾米音乐”的使用方法。

●打开“虾米音乐”应用程序。打开手机，在手机桌面找到并点击“虾米音乐”的图标。

●点击搜索栏。进入应用程序首页，可以看到一些系统推荐的音乐，可以点击播放。点击页面上方的搜索框，如图 6–175。

●搜索歌手或音乐。可以在搜索框中输入歌手名或歌名进行搜索，也可以在搜索框下方展开的“热门搜索”列表中直接点击，如点击“李宗盛”，如图 6–176。

●浏览搜索结果。用户可以在搜索结果页面上下滑动屏幕查看所有歌曲，点击任一想要播放的歌曲，如图 6–177。

图 6–175

图 6–176

图 6–177

●播放歌曲。进入歌曲播放页面，即可播放该歌曲，如图 6–178。

●查看播放历史。点击应用程序下方【我的音乐】按钮，在该页面可以查看最近播放列表，如图 6–179。

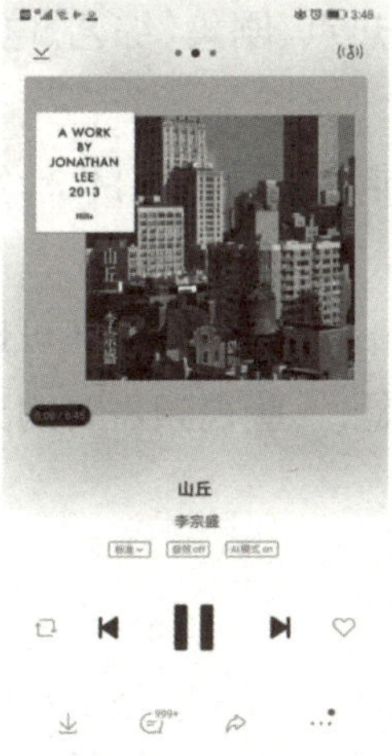

图 6–178

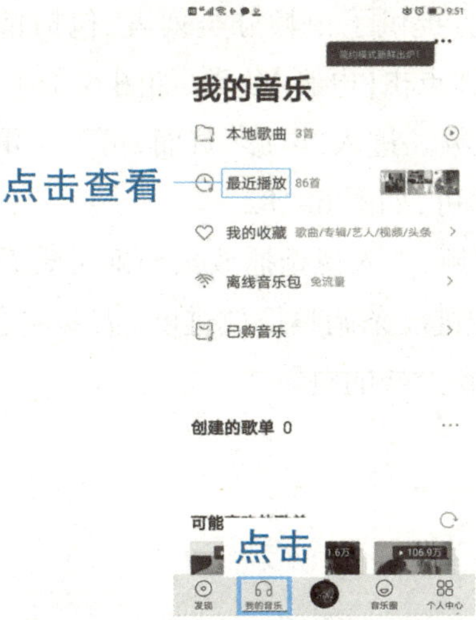

图 6–179

二、看视频

农民朋友可以通过视频播放类应用程序在手机观看海量的视频，包括电视剧、电影、综艺、原创视频等。视频播放类应用程序主要有优酷视频、腾讯视频、爱奇艺、芒果 TV、央视影音等。

“优酷视频”提供了丰富的视频资源库，用户可通过扫描图 6–180 的二维码下载优酷视频 App。

图 6–180

以下介绍优酷视频的使用方法。

●打开“优酷视频”应用程序。打开手机，在手机桌面找到并点击“优酷视频”的图标。

●点击分类。进入优酷视频首页，可直接在搜索框中输入视频名称进行搜索。此外，页面上方提供了视频分类列表，包括精选、热点、剧集、综艺、电影、动漫等供用户选择，例如点击【电影】分类，如图 6–181。

●浏览视频。进入“电影”页面，可上下滑动屏幕查看电影目录，发现想要观看的电影点击即可，如图 6–182。

●观看视频。进入视频播放页面即可观看视频，如图 6–183，还可以通过前后拖动视频下方的进度条调整播放进度。需要注意的是，一些视频需要购买 VIP 账号才能观看，如最新上架的电影等。

图 6-181

图 6-182

图 6-183

三、听广播

农民朋友还可以使用一些应用程序来收听广播，如云听、FM 网络收音机、龙卷风收音机等。

“云听”是由中央广播电视总台打造的一款移动音频客户端，汇集由全国各个广播电台、版权节目制作单位、播客团体等提供的音频节目，包括的音频分类有精品音频、电台广播、电视音频等。用户可通过扫描图 6-184 的二维码下载云听 App。

图 6-184

以下介绍云听的使用方法。

- 打开“云听”应用程序。打开手机，在手机桌面找到并点击“云听”的图标。
- 选择分类。进入“云听”首页，可以看到程序推荐的一些内容，点击【听广播】

按钮,如图 6-185。

●选择电台。进入“听广播”分类页面,可以看到本地台、中央台、省市台等电台分类,以及一些推荐的音频。点击想要收听的电台分类或节目,如图 6-186 所示。

●收听节目。点击节目名称后即可收听广播,如图 6-187。

图 6-185

图 6-186

图 6-187

第八节　拍照及录像

我们在生活中经常使用手机拍照，由此很多厂家开始对手机摄像技术的提高进行研究,不仅提高了照片的像素,还从以前的单镜头研发到如今的三摄镜头、四摄镜头,现在使用手机已经可以拍出很高像素的手机照片和视频。

一、拍摄照片

●在应用程序列表中,选择照相机。

●将照相机镜头对准拍摄对象进行必要的调整。以华为手机 P20 为例,相机各功能如图 6–188。放大拍摄对象，可用两个手指点住屏幕，然后缓慢分开手指；缩小拍摄对象，将两个手指缓慢合拢到一起。也可以通过音量键调整大小。

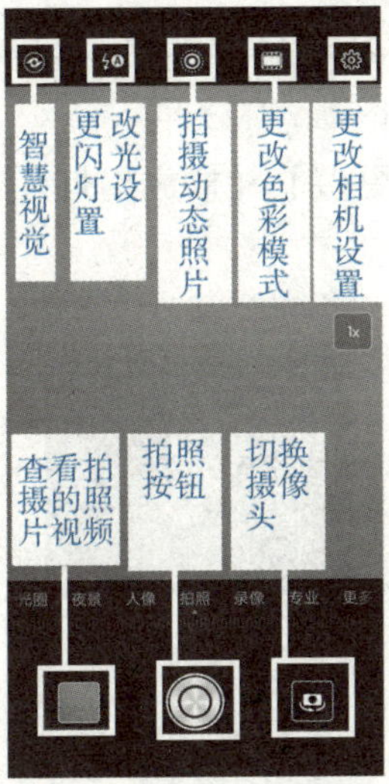

图 6–188

●在预览屏幕上点击要聚焦的位置。

●点击◎按钮进行拍摄。照片会自动保存。

关于更多手机拍摄技巧，用户可扫描图 6–189 观看取景与构图技巧，扫描图 6–190 观看用光技巧。

图 6–189　　图 6–190

二、照片查看及处理

拍摄后，可选择图片浏览器进行查看。

●查看更多照片。向左或向右滑动屏幕即可。

●放大或缩小查看图片。将两个手指放在屏幕上并慢慢分开或合拢。返回原始尺寸，双击屏幕。

●分享照片。选择想要分享的一张或几张照片，点击分享按钮【 】，如图 6-191，在展开的列表中可选择发送给微信朋友、发送给 QQ 好友、发送到朋友圈、发微博等多种分享方式，如图 6-192。

●幻灯片放映照片。点击【更多】→【播放幻灯片】即可开始幻灯片放映，如图 6-193。点击屏幕即可结束放映。

图 6-191

图 6-192

图 6-193

●删除照片。点击删除按钮【 】即可将照片删除，如图 6-194。

●旋转照片。点击【更多】→【旋转】即可将所选择的照片旋转，如图 6-195。再次点击该按钮则继续旋转一次。

●将照片设置为壁纸或联系人照片。点击【更多】→【设置为】，如图 6-196，即可在展开的功能列表中进行设置。

图 6-194

图 6-195

图 6-196

●将照片重命名或添加备注。点击【更多】→【重命名】(或【添加备注】),如图 6-197,即可在弹出的文本框中编辑文字。

●编辑照片。点击编辑按钮【✎】,即可对图片进行编辑,如图 6-198。手机相机自带的图片编辑功能有旋转、修剪、滤镜、保留色彩、虚化、调节、美颜、马赛克、涂鸦、水印等,如图 6-199,用户可根据需求选择相应的功能。

图 6-197

图 6-198

图 6-199

此外,如果手机相机自带的修图功能无法满足用户的需求,还可以去手机应用市场下载拍照及图像美化类 App。以下介绍几款实用的修图 App。

●B612 咔叽:由亿睿科信息技术(北京)有限公司于 2017 年推出的一款录像与摄影类应用,不但可以进行各种风格的贴图拍照、录像、涂鸦,还可以与好友分享互动。B612 咔叽有面部识别功能,可轻松拍摄激萌或搞怪的视频或图片,更可一键生成个性化表情包;B612 咔叽拥有近百种美颜滤镜,近千种贴纸效果,还能实现头像更换、五官变形、场景替换、涂鸦等多种功能。其“超强美颜”功能能够为用户设计较为适合的靓丽脸型和水汪汪的大眼睛。

●无他:无他是一款免费 P 照片、P 视频的相机软件,是由上海本趣网络科技有限公司开发的。除了有一般的贴纸滤镜,重点是脸部五官都能够微调,一秒实现整容效果。还可以实现一秒上妆,适合懒人自拍。

●Foodie:Foodie 是一款拍摄食物的 App,有 30 多个非常适合美食的滤镜,包括美味、波西塔塔、野餐、清凉、香甜、新鲜耐嚼、烧烤、酥脆等,可以轻松拍摄出诱人的照片。用户只要加一个滤镜,可立刻化身为美食博主。除了拍摄食物,其滤镜拍摄风景和人像也很好看，适用于拍摄小清新风格的照片，尤其适合出去郊游拍照。

●美图秀秀：美图秀秀是 2008 年 10 月 8 日由厦门美图科技有限公司研发、推出的一款免费图片处理的软件。美图秀秀的图片特效、美容、拼图、场景、边框、饰品等功能，可以 1 分钟做出影楼级照片，还能一键分享到新浪微博、QQ 空间等。2018 年 4 月推出美图社交圈，美图秀秀也从影像工具升级为社区平台。

●Snapseed：Snapseed 是由 Nilk Software 图像应用公司开发的一款全面而专业的照片编辑工具，堪称是专业的调色 App，功能非常齐全。Snapseed 可以对照片进行多种细节处理，包括亮度、环境、对比度、饱和度、白平衡、锐化等，支持拉伸、旋转以及剪裁。在滤镜方面，Snapseed 可以制作黑白、复古、戏剧、移轴等多种风格，基本上可以把原始照片改得面目全非，让人人都是摄影家。

三、录制视频

●在应用程序列表中，选择照相机。

●切换到录像模式，如图 6-200。

图 6-200

●将镜头对准拍摄对象并进行必要的调整。放大时，可用两个手指点住屏幕，然后缓慢分开手指；缩小时，将两个手指合拢到一起。也可以通过音量键放大或缩小。

●在预览屏幕上点击要聚焦的位置，对焦框将移至点击的位置。

●点击按钮【◉】开始录制。

●点击按钮【◉】结束录制。视频会自动保存。

视频的查看及播放、分享、幻灯片放映、删除、更改文件名称等处理方式类似于照片。

第九节　手机记账

农民朋友想要守住财富或者学习理财知识，养成记账的好习惯很重要。手机记账 App 有随手记、网易有钱记账、口袋记账、鲨鱼记账、管账宝、懒人记账等。

鲨鱼记账是一款专业的生活记账软件，适用于旅行记账、生意记账、学生记账、亲子记账、装修记账、人情记账、日常记账、家庭账本、随手记账等。鲨鱼记账中各项支出的类别非常详细，而且用户可以自主增加或者删除这些类别。鲨鱼的图表功能能够清晰地观察到每周、每月哪一天支出最多，每年哪一个月花费最多，并且在表格的左上角清晰地列出了总支出和平均值。用户可通过扫描图 6-1 的二维码下载鲨鱼记账 App。

图 6-201

以下介绍鲨鱼记账的使用方法。

●打开“鲨鱼记账”应用程序。打开手机，在手机桌面找到并点击“鲨鱼记账”的图标，程序首页如图 6-202。用户可选择微信登录，或者用手机号注册新用户，登录应用程序。

●开始记账。点击程序最下方的【记账】按钮，如图 6-203，即可开始记账。记账分为支出记账和收入记账。

●支出记账。页面如图 6-204，可以看到系统对支出方式进行了很详细的分类。如果仍然找不到需要的分类，可以向下滑动屏幕找到【设置】按钮，手动添加“支出”的新类别。选择支出类别，输入金额，根据需求输入备注，最后点击页面右下角的【完成】按钮即完成一笔记账。

图 6-202

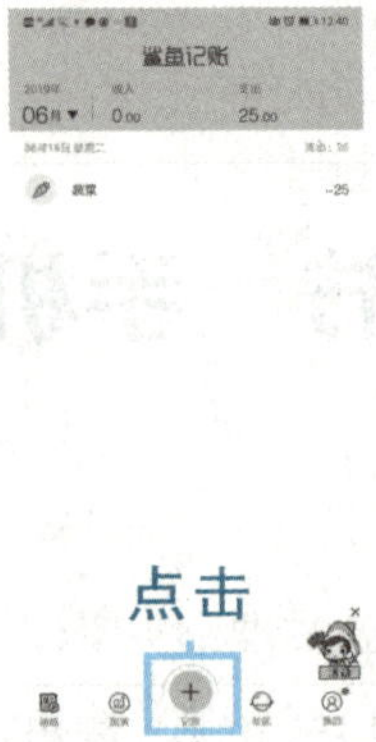

图 6-203

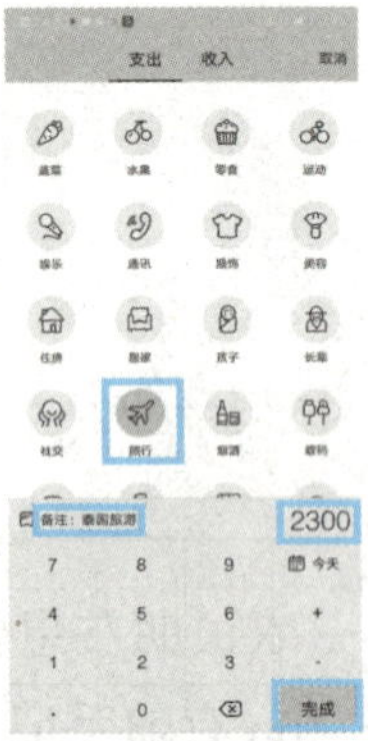

图 6-204

●添加收入记账新类别。点击【记账】，切换到收入记账页面，点击【设置】图标，如图 6-205。在弹出的页面点击【添加类别】(图 6-206)，之后根据提示输入新类别名称并保存(图 6-207)，新类别就会出现在“支出”页面的分类列表里(图 6-208)。

图 6-205

图 6-206

图 6-207

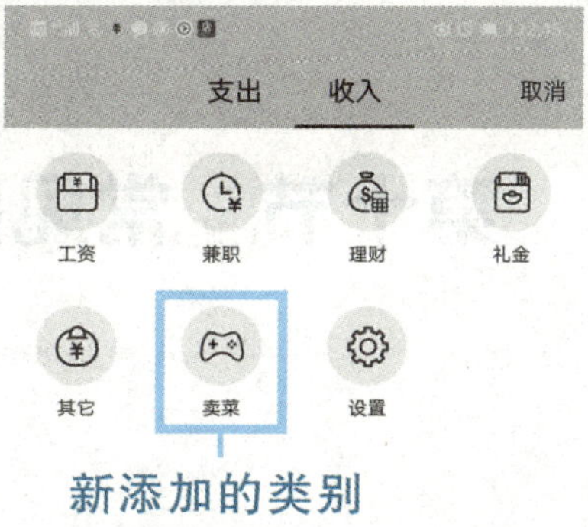

图 6-208

●收入记账。选择收入类别，输入金额，根据需求输入备注，最后点击页面右下角的【完成】按钮即完成一笔收入记账，如图 6-209。

●查看明细。点击页面左下角的【明细】按钮，即可查看当月明细，包括收入和支出明细，且计算出了当月的支出总和及收入总和，如图 6-210。该页面还可通过点击【月份】查看过往月份的收支明细。

●查看图表。点击页面下方的【图表】按钮，可选择查看以周、月、年为周期的图表，分为支出图表和收入图表，如图 6-211。

图 6-209

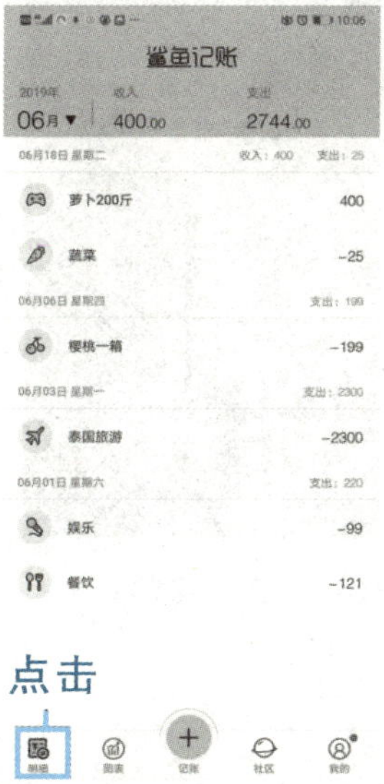

图 6-210

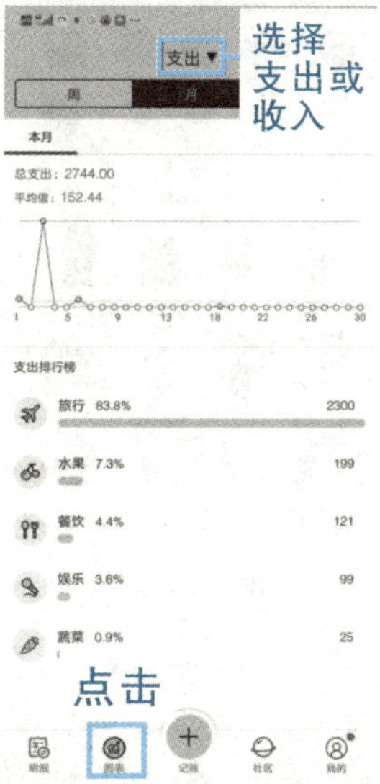

图 6-211

第十节 常见问题及解决办法

一、旅行途中想购买土特产商品，不知道商品标价是否合理该怎么办

可使用“手机淘宝”的“扫一扫”功能扫描商品的条形码、二维码，或使用“拍照”功能给商品拍照，识别商品的外包装，如图 6-212。例如，图 6-213 中牛奶的条形码，用“手机淘宝”扫描结果如图 6-214，可以看到各商家的价格。

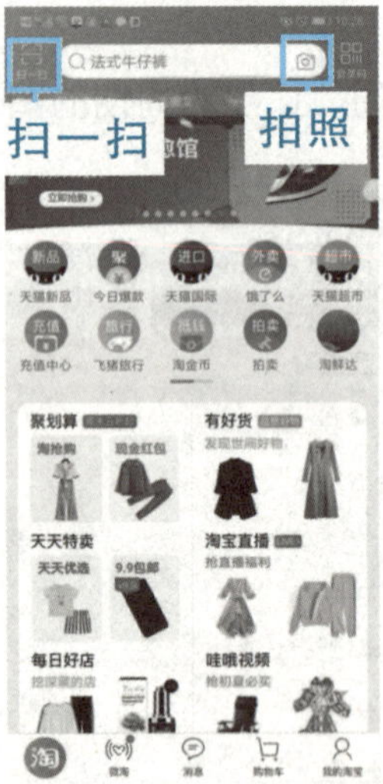

图 6-212

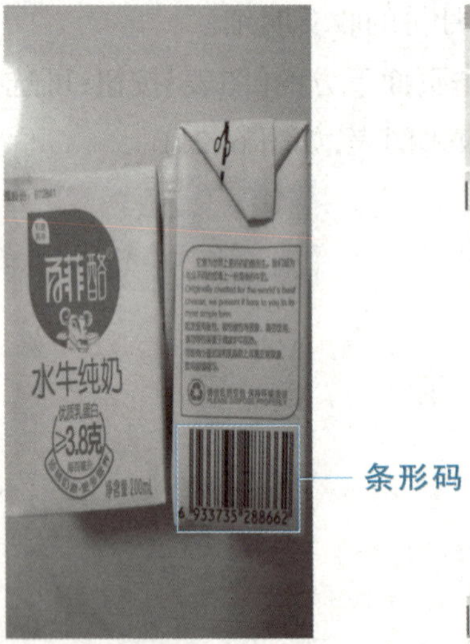

图 6-213

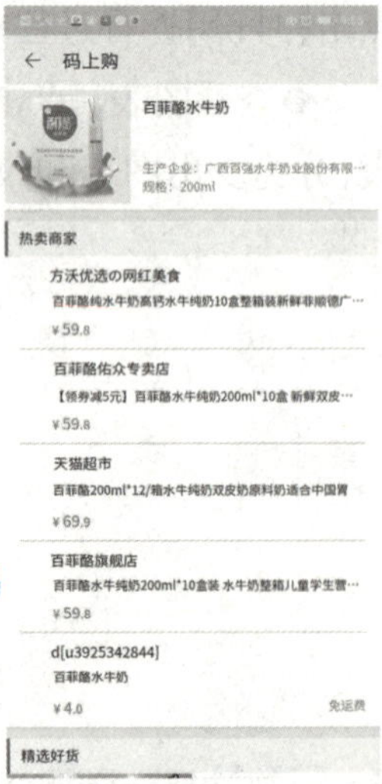

图 6-214

二、高德地图和百度地图如何做选择

高德地图注重导航的功能。它的导航功能做得非常出色，通过 AR 虚拟实景可以为用户实时导航。即使是去郊区或者是乡下小镇，高德地图也能够提供精准的导航服务，遇到没有名字的路段，高德地图依旧可以标记出来。高德地图也能够帮车主分析出开车时的实时路况，并帮助车主寻找最便捷的路径，总的说来，高德地图是一款性能还不错的导航软件。

百度地图注重生活的功能。百度地图在数据方面做得非常出色，如果用户平时选择公交或者地铁出行，使用百度地图是非常明智的选择。在查询乘车方式或者是目的地周边的设施方面，百度地图给予的回答是非常精确地。而且百度地图在实景方面做得非常好，对于步行的人来说非常好用。

总体来说，在地理信息方面，城市里百度地图胜过高德地图，但是如果在偏远的山村里的话，高德地图可以给用户提供更加顺畅更加近距离的道路选择。在驾车导航方面，高德地图用起来更加的方便。在公路和步行等方面百度地图用起来更精准。

三、换手机如何转移微信聊天记录

首先需要将新旧两台手机连接在同一网络环境下。打开微信，点击微信下方菜单栏中的【我】，选择【设置】→【聊天】→【聊天记录备份与迁移】→【迁移聊天记录到另一台设备】→【选择聊天记录】，勾选所需的聊天记录，随后微信会生成一个二维码，使用新手机打开微信【扫一扫】即可成功转移聊天记录。

四、如何备份手机通讯录等数据

QQ 同步助手是腾讯公司开发的一款个人手机数据的备份管理服务软件，可以实现通讯录备份、重复及失效号码清理、软件备份、免流量传输等功能。官网地址为 https://pim.qq.com/，用户可扫描图 6–215 的二维码下载 QQ 同步助手。

图 6-215

备份手机通讯录

●在新旧两部手机上，都安装上 QQ 同步助手。

●在旧手机中，进入同步助手，登录 QQ 号后，即可把联系人资料同步到云端。

●在新手机上打开同步助手，登录同一个 QQ 号，就能把联系人资料从云端同步到手机通讯录中了。

五、乘坐公交、地铁出行时如何节省时间

●乘坐公交出行可使用“车来了”。“车来了”是一款公交软件，目前全国有几十个城市都可以使用。使用这款软件，就可以节省等公交的时间，尤其天气状况复杂时，我们可以查看公交到达时间，再提前安排出行，既省时又便利。用户可扫描图 6-216 的二维码下载“车来了”。

图 6-216

打开“车来了”，用户可搜索公交线路、车站及站点。输入起点和终点名称，软件即自动跳转到查询结果页面，如图 6-217，用户可根据需求选择公交线路（软件默认起点为“我的位置”）。

点击任意路线或通过搜索公交线路进入详细页面，可以看到公交到站的时间

以及还差几个站的距离等，如图 6-218。点击页面上方公交线路的名称，还可以查看该公交线路的站点地图，如图 6-219。此外，“车来了”还提供上车及下车提醒，避免用户来不及上车及下车时坐过站。

图 6-217

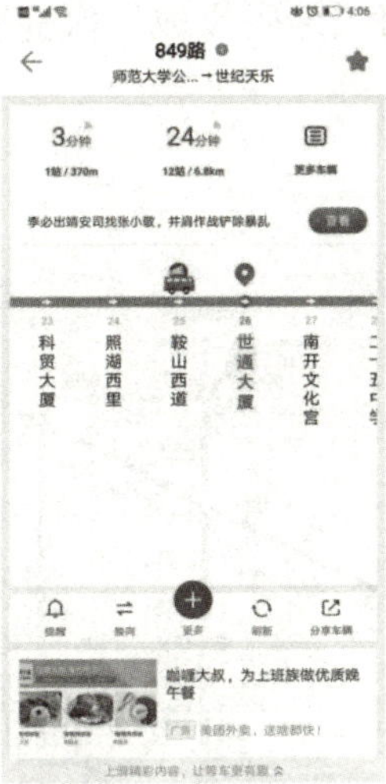

图 6-218

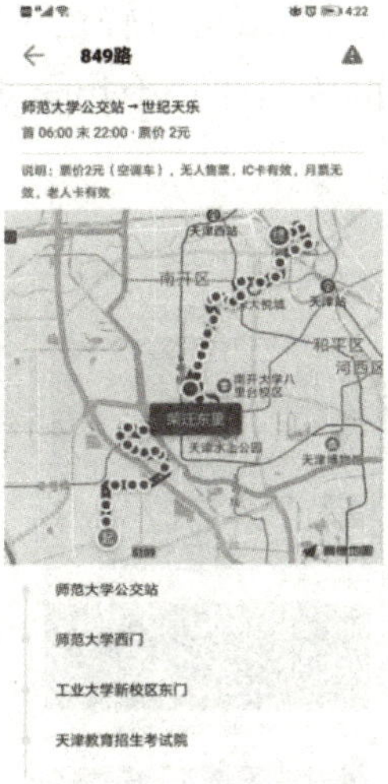

图 6-219

●乘坐地铁出行可使用地铁导航服务类软件。在手机的应用市场搜索“地铁”可搜索到多个地区的地铁官方 App，如成都地铁、厦门地铁、武汉地铁、天津地铁、北京地铁等，用户可根据所在地区按需下载。例如天津市民可通过扫描图 6-220 的二维码下载“天津地铁”。“天津地铁”是天津地铁集团官方推出的手机客户端软件，天津市民通过这款软件可以规划自己的出行线路，还能直接扫码乘车，无须再买卡。

图 6-220

“天津地铁”首页如图 6-221，用户可点击【地铁地图】查看天津所有地铁线路地图（图 6-222），点击【路线规划】输入起点和终点名称规划线路（图 6-223），点击【列车时刻】查看各地铁线路时刻表（图 6-224），点击【票务信息】查看票务说明

(图 6-225)。

用户用手机号注册账号并绑定银行卡或支付宝后,就可以点击“天津地铁”首页下方的【乘车】按钮(图 6-221)生成专属乘车码,对准闸机“二维码扫码口”轻轻一扫,就可以轻松进出站。使用二维码完成一次完整的行程后,App 将自动从绑定的支付账户中扣除费用。

图 6-221

图 6-222

图 6-223

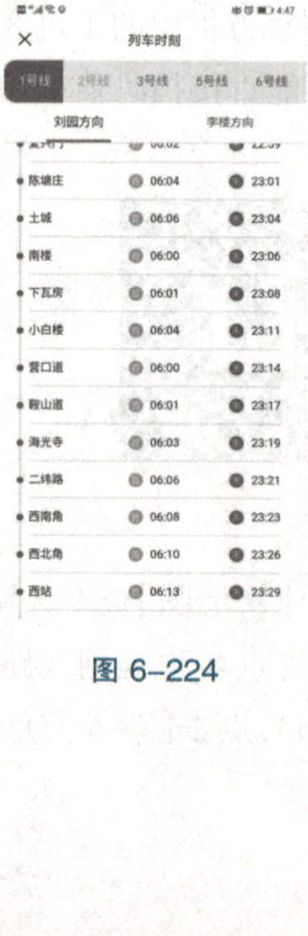

图 6-224

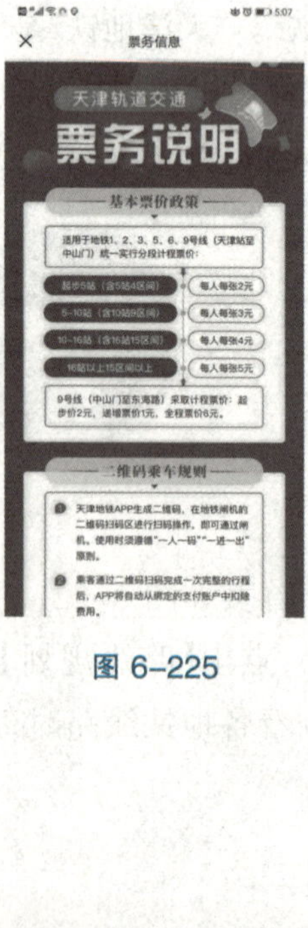

图 6-225

第七章

移动互联网与农业

随着移动互联网的发展，以及手机购买成本和使用成本的大大降低，越来越多的农民开始使用手机上网。未来几年内，手机上网依然是带动农村地区网民增长的主要动力，还会有越来越多的农民用户在手机上使用与互联网相关的业务。

第一节　使用手机获取农业知识的方法

传统的农民获取信息的渠道是电视、无线广播、普通手机、电脑、图书期刊等。随着移动互联网的发展，农民获取各类信息的渠道又增加了一条。智能手机和移动互联网的使用促进了农民由传统信息获取方式向现代化信息获取方式的转变。互联网的海量信息为农民学习农业知识和搜索并获取有用的信息提供了良好的平台。

农民使用智能手机获取农业知识主要有以下几个方法。

一、查看新闻

登录百度、搜狐、新浪等综合性的门户网站，每天都有很多新闻供用户查看，其中当然也包含了农业相关新闻。

二、搜索信息

用户可利用手机系统自带的搜索引擎，或下载百度、搜狗等搜索引擎，输入要搜索的关键词，就可以获得很多相关信息。

此外，微信也具有非常强大的搜索功能。通过微信不仅可以搜索联系人和群，还可以搜索到包括朋友圈内容、文章内容、聊天记录，甚至可以找到自己需要的农技专家服务的公众号，点击关注它，咨询我们想要的内容。例如“津科助农”公众号，致力于为农业生产者提供农产品市场行情分析、公开课回放视频、农业科普知识等相关农业信息。其消息页面如图 7-1 所示。

三、登录特定的网站

登录国家农业农村部或各级地方农业农村部门、各农业大专院校或与农业相关的企事业单位的网站，获取农业信息。

四、加入特定的社交群

加入与农业有关的微信群、QQ 群等社交群，方便用户之间进行交流。

五、登录特定的手机 App

下载特定的手机 App，直接登录，获取信息。例如，在手机应用商店下载“农医生”App。“农医生”是一款专业手机农业专家问答软件，用户可以通过该软件免费向各个领域的农业专家、网友提问。“农医生”App 首页如图 7-2，专家和用户的交流页面如图 7-3。

津科助农
乡村振兴，科技先行！平台关注最新农业科技动态，推广农业技术成果，提供农...
36篇原创内容 22位朋友关注
进入公众号
不再关注
价格查询
公开课
科普空间
6月10日 上午10:29
公开课回顾//苹果提质增效关键技术
津科助农公开课第14期回顾：苹果提质增效关键技术
6月2日 下午15:46

图 7-1

最新
精选
附近问题
作物
好友
【农资店专属福利】农资新模式+小程序
热 致富经 评论 2
孙洪亮
辣椒甜瓜育苗出土不长什么原因？
育苗出土不长什么原因？请求回复谢谢！
最好发个图片看看情况，有时陈种发芽不齐，土壤有机质有机营养不足，水分不足等原因均可导致所述症状的发生
反对 评论 14
问答
致富经
提问
发现
我

图 7-2

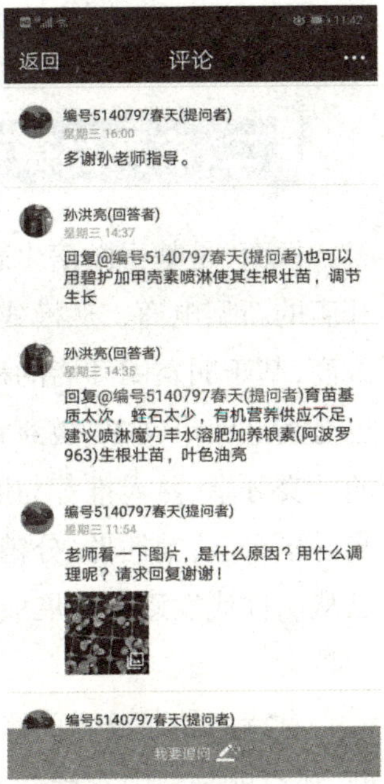

返回
评论
编号5140797春天(提问者)
多谢孙老师指导。
孙洪亮(回答者)
回复@编号5140797春天(提问者)也可以用碧护加甲壳素喷淋使其生根壮苗，调节生长
孙洪亮(回答者)
回复@编号5140797春天(提问者)育苗基质太次，蛭石太少，有机营养供应不足，建议喷淋魔力丰水溶肥加养根素(阿波罗963)生根壮苗，叶色油亮
编号5140797春天(提问者)
老师看一下图片，是什么原因？用什么调理呢？请求回复谢谢！
编号5140797春天(提问者)
我要提问

图 7-3

第二节 农产品手机电商

农民朋友可以通过手机来购买农产品，以及销售农产品。

一、农村淘宝

农村淘宝，是阿里巴巴集团的战略项目。阿里巴巴将与各地政府深度合作，以电子商务平台为基础，通过搭建县村两级服务网络，充分发挥电子商务优势，突破物流、信息流的瓶颈，实现“网货下乡”和“农产品进城”的双向流通功能。农村淘宝于2017年6月1日正式升级，升级后的农村淘宝和手机淘宝合二为一，手机淘宝针对农村市场增设“家乡版”。

二、农产品微商

微商，是基于微信生态的社会化分销模式。它是企业或者个人基于社会化媒体开店的新型电商，从模式上来说主要分为两种：基于微信公众号的微商称为B2C微商，基于朋友圈开店的称为C2C微商。微商和淘宝一样，有天猫平台（B2C微商）也有淘宝集市（C2C微商）。所不同的是微商基于微信“连接一切”的能力，实现商品的社交分享、熟人推荐与朋友圈展示。从微商的流程来说，微商主要由基础完善的交易平台、营销插件、分销体系以及个人端分享推广微客四个流程部分组成。现在已从一件代发逐渐发展成服务行业。自己存货自己发，有等级的区分，等级越高利润越大。

农特产品通过微商这种销售模式越来越盛行，除了微商本身这种模式暴发之外，还有就是整个农产品的产业链发生了巨大的变化。从种植、生产到销售，都与以前的传统农业有所不同。农特产品更适合这种分享模式去销售，当一个客户知道他买的产品是如何种出来的、如何成长的、如何采摘的、如何包装的等，自然有一种信任感,对产品也没有什么顾虑。这是其他渠道无法做到也无法比拟的。

第三节 手机在物联网中的应用

物联网技术是将各种感知技术、现代网络技术和人工智能与自动化技术聚合与集成应用。物联网是新一代信息技术的重要组成部分,也是“信息化”时代的重要发展阶段。

一、物联网的关键技术

在物联网应用中有三项关键技术。

(一)传感器技术

这也是计算机应用中的关键技术。众所周知,到目前为止绝大部分计算机处理的都是数字信号。自从有计算机以来就需要传感器把模拟信号转换成数字信号,计算机才能处理。

(二)RFID 标签

也是一种传感器技术,RFID 技术是融合无线射频技术和嵌入式技术为一体的综合技术,RFID 在自动识别、物品物流管理方面有着广阔的应用前景。

(三)嵌入式系统技术

是综合了计算机软硬件、传感器技术、集成电路技术、电子应用技术为一体的复杂技术。如果把物联网用人体做一个简单比喻,传感器相当于人的眼睛、鼻子、皮肤等感官,网络就是用来传递信息的神经系统,嵌入式系统则是人的大脑,在接收到信息后要进行分类处理。

二、物联网应用模式

根据其实质用途可以分为两种基本应用模式。

(一)对象的智能标签

通过 NFC、二维码、RFID 等技术标识特定的对象,用于区分对象个体,例如在生活中我们使用的各种智能卡和条码标签,它们的基本用途就是用来获得对象的识别信息。此外,通过智能标签还可以获得对象物品所包含的扩展信息,例如智能卡上的金额余额、二维码中所包含的网址和名称等。

(二)对象的智能控制

物联网基于云计算平台和智能网络,可以依据传感器网络获取的数据进行决策,改变对象的行为进行控制和反馈。例如根据光线的强弱调整路灯的亮度等。

三、物联网典型应用

随着移动物联网技术的普及应用,普通用户可以通过手机、平板电脑等移动终端随时接收各种实时采集的精确传感器数据,还可以通过遥控温室内的视频无线传感器观察温室的全面情况。产品出圃后,可以由对应的条形码,随时检索到其流通过程。

例如,在温室环境里,单栋温室可利用物联网技术,成为无线传感器网络的一个测量控制区,采用不同的传感器节点和具有简单执行机构的节点,如风机、低压电机、阀门等工作电流偏低的执行机构,构成无线网络,来测量基质湿度、成分、pH值、温度以及空气湿度、气压、光照强度、二氧化碳浓度等,再通过模型分析,自动调控温室环境,控制灌溉和施肥作业,从而获得植物生长的最佳条件。

此外,物联网技术可应用到温室生产的不同阶段,在温室投入生产的准备阶段,通过在温室里布置各类传感器,如温度传感器、湿度传感器,可以实时分析温室内部环境信息,从而更好地选择适宜种植的品种。在生产阶段,从业人员可以用物联网技术手段采集温室内温度、湿度等多种信息,来实现精细管理。在产品收获后,还可以利用物联网采集的信息,对不同阶段植物的表现和环境因子进行分析,并反馈到下一轮的生产中，从而实现更精准的管理，获得更优质的产品。

温室应用移动互联和物联网技术，可达到改善产品品质、调节生长周期、提高经济效益的目的，尤其是可实现温室管理的高效和精准。对于规模化的温室设施而言，如果借助人工来调控室内的环境条件，需要大量人力和时间，而且存在难以避免的人工误差。如果应用移动互联和物联网技术，就只需打开手机 App，可在最短的时间里由人工完成智能操作，而且非常严谨。这也是业内看好物联网在现代农业中应用的重要原因。

第四节　常见问题及解决办法

一、如何用微信搜索小麦病虫害防治技术相关信息

打开手机微信，点击微信界面最上方的放大镜按钮，即搜索功能入口，如图 7–4。搜索“小麦病虫害”，结果如图 7–5。

图 7–4

二、如何用手机自带的浏览器搜索小麦病虫害防治技术相关信息

打开手机浏览器，在搜索栏输入“小麦病虫害”即可进行搜索，还可根据浏览器

推荐的相关搜索进行更详细的搜索，如图 7–6。

三、如何搜索并下载农业相关 App

可以进入手机系统自带的应用市场输入关键词搜索相关 App。例如，进入华为手机的应用市场，搜索关键词“农业”，搜索结果如图 7–7 所示。

图 7–5

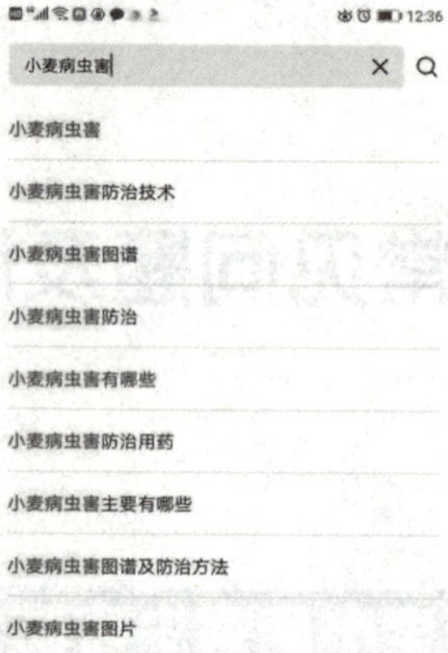

图 7–6

图 7–7

四、如何将手机淘宝切换为农村淘宝

打开手机淘宝，点击【我的淘宝】→【设置】，在设置页面找到并点击【地区设置】，如图 7–8。之后在地区设置页面点击【家乡版（农村淘宝服务覆盖）】，并点击页面下方【确认】按钮，如图 7–9。淘宝首页即切换为“村淘”首页，如图 7–10。

图 7-8

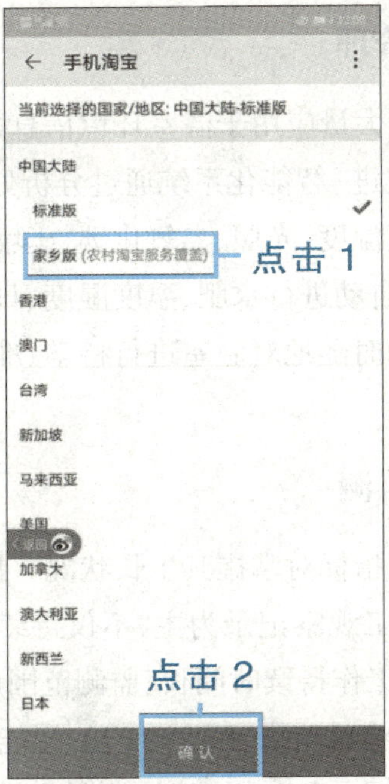

图 7-9

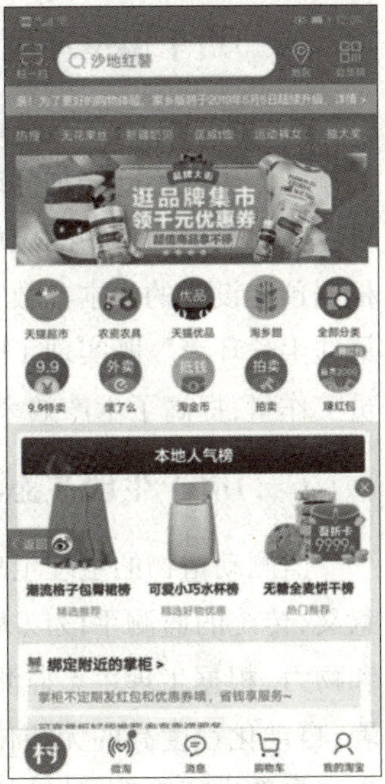

图 7-10

五、无线传感器网络在现代农业中有哪些应用

无线传感器网络一般包括传感器节点、汇聚节点和基站。传感器节点由传感器、微处理器、存储器和收发器等部件组成，具有计算和通信能力，以近距离无线的方式连接，从而形成多跳的无线网络。现代农业越来越需要自动化技术和智能决策方案，无线传感器网络是最佳选择。

（一）用于节水灌溉

在农业灌溉过程中，应用无线传感器网络能够对灌溉速度、灌溉量以及灌溉时间与区域等实行合理控制，从而保证农业灌溉能够更加精确，避免出现灌水量过多或者过少的情况，使灌水量更加合理。在农业灌溉作业中，通过应用无线传感器网络，能够监测到整个灌溉过程，实现对灌溉作业的合理把控，在保证灌水量充足的基础上，避免水资源的浪费，节约农业生产成本。

（二）用于温室环境管理

目前无线传感器网络已大量应用于温室环境信息采集，使用的传感器种类和传输技术也在不断增加和改进。智能化系统通过分析处理传感器获取的信息，不仅可以实时监测温室中的温度湿度、光照、二氧化碳、土壤状况等各项环境参数，还能根据预先设置的样本参数，自动进行水肥、温度湿度、日照等管理操作，保持作物的最佳生长环境。既实现了随时随地对温室进行科学、准确地管理，又减少了管理人员工作量，提高了生产效率。

（三）用于生理生态监测

监测动植物的生理生态指标对掌握其生长状况、提高科学管理水平具有重要意义，传统的监测手段以人工观察记录为主，不仅持续时间长，还耗费大量的人力和物力。根据生理生态监测工作持续时间长、监测范围广等特点，利用成本低、易部署、自动化程度高的无线传感器网络，配合专门的智能化系统，可以对动植物生理生态参数进行准确、持续地记录和分析，随时掌握监测目标的生长情况，从而有效降低监测成本，提高监测效率。

第八章

安全使用智能手机

随着移动互联网时代的来临，智能手机以其强大的信息处理能力和方便快捷的特点得到了广泛的应用。然而，智能手机给人们带来巨大便利的同时，也带来了各种安全风险。智能手机里储存有手机通讯录、账号密码等重要信息，一旦丢失或遭病毒入侵泄密的话，后果不堪设想。本章分析了智能手机面临的各种安全隐患，提出了相应防范措施，以期从某种程度上保障智能手机的使用安全。

第一节 智能手机联网面临的安全风险

智能手机一旦联网，就会产生一些特有的风险。在智能手机上网使用中经常会被病毒软件、插件等危害。

一、手机病毒

手机病毒是一种破坏性程序，与计算机病毒（程序）一样具有传染性、破坏性。手机病毒可利用发送短信、彩信、电子邮件、浏览网站、下载铃声、蓝牙等方式进行传播。手机病毒可能会导致用户手机死机、关机、资料被删、向外发送垃圾邮件、拨打电话等，甚至还会损毁 SIM 卡、芯片等硬件。

二、恶意手机插件

恶意手机插件是除了软件自身程序外，黑客或者非法厂家对程序实行重新打包，加入一些危害用户的可执行文件。主要体现在：自动扣费、收集用户信息或其他损害手机系统的插件（程序）。

三、手机暗扣

暗扣软件指未经用户主观意愿同意就发生扣费的软件。一般具有如下特征：安装后或启动软件后无任何资费提示即开始扣费；部分客户端安装后不会立即扣费，而是延时或不定时扣费，让用户很难察觉；资费提示模糊不清，误导用户点击收费按钮；资费提示弹出时，软件左右菜单设计中无返回/退出按钮，误导性地强制用户点击收费按钮。

第二节 案例解析

以下介绍一些用户使用智能手机上网遇到风险的典型案例,为大家提供参考:

案例一:慎扫二维码

某女士经常网购,发现一家网店承诺购物后能返100元的红包。她挑选了一件500元的毛衣,并询问卖家如何获得红包。卖家向她发送了一个二维码,并称扫描可以获得红包。她扫描后发现,红包界面并未出现,怀疑自己被骗,于是急忙联系卖家,可卖家已下线。不久之后,她发现自己的银行卡被盗刷,就立即报警。经警方调查,当时扫描的二维码中含有木马病毒,盗取了她的银行卡信息。

不法分子提供的二维码其实是一个木马病毒的下载地址, 这种病毒被下载后可以自行安装,并不会在桌面上显示任何图标,而是潜伏在移动终端后台中运行,持卡人的信息就会悄无声息地被盗取。

应该尽量选择信誉度比较高的正规商户,不要轻信商户发送的链接、压缩包、图片和二维码等。谨防"山寨"应用软件,在扫码前一定要确认该二维码是否出自正规的网站。一些发布在来路不明的网站上的二维码最好不要扫描,更不要点开链接或下载安装。务必在移动终端安装杀毒软件等相应的防护程序, 一旦出现有害信息,可以及时提醒和删除。

案例二:警惕免费"钓鱼"WLAN

某先生为了上网方便,在手机里设置了自动连接WLAN的功能。某晚他在外吃饭,搜寻到一个不用输入密码直接登录的免费WLAN,就登录了手机网银,并输入了自己的卡号和密码查询银行卡账户余额。次日凌晨时分,某先生被短信提示音吵醒了,通知他的银行卡被消费了2000元,随后半小时内,又接连收到银行卡被转账或消费的信息。

不法分子会在公共场所提供一个免费 WLAN，持卡人使用后，极易被植入木马病毒，被盗取移动终端内的银行卡信息。除此之外，不法分子会将正规网站的网址绑架到自己的非法网站上，当持卡人使用其 WLAN 网络并输入正确网址时，会跳转到一个高度仿真的假网站。如进行网络支付，就会导致银行卡信息泄露。

案例三：警惕伪冒短信

某女士收到一条显示为"10086"发来的短信，称其获得手机积分奖励，可兑换奖品，并附上了一个链接。她点击该链接后在页面上输入了银行卡信息及手机号，并按网页提示点击下载并安装了一个"积分兑换客户端"的应用，但安装后却无法正常打开，某女士也没有在意，第二天，她用卡时提示卡内余额不足，查询发现银行卡在前一晚发生了多笔大额交易。某女士赶紧报案，但已造成损失。

某女士收到的短信是不法分子利用伪基站冒充"10086"发送的，短信中的链接其实是一个"钓鱼网站"，而下载的客户端实际上是一个木马病毒。不法分子利用木马病毒窃取银行卡信息并进行网络购物，同时将发送到某女士手机上的短信验证码转移到了自己的手机上，从而完成支付。

不法分子能利用伪基站冒充任意号码发送短信，因此即使收到中奖、软件推荐等显示为官方号码发送的短信，仍需保持警惕，建议回拨进行确认。木马病毒往往会伪装成其他应用，并通过"钓鱼网站"、短信、图片、邮件、压缩包、聊天软件等方式传播，建议不要随意点击来历不明的应用软件等内容。安装防火墙及杀毒软件，定期杀毒并定期更新系统补丁，保护移动终端安全。网银支付类应用要到官方网站下载。开通短信通知服务，账户发生异常变动后，及时联系银行，注销账户或挂失银行卡。

案例四：谨防二维码被调换

某菜市场的大部分摊贩为了方便顾客购买东西都装上了微信支付和支付宝支付的二维码，供顾客结账时扫码支付。卖牛肉的某女士也是摊主之一。但在某日早上，一位顾客在扫码支付后，某女士在顾客的手机查看支付金额准确后，没有立即查看金额是否到账，之后钱一直没有到账。一开始某女士以为是自己手机出了问题,延时了。后来才发现在菜市场遇到这种情况的不止自己一人,原来是有人拿了张别的二维码把原来的码替换了。某女士随即报了警。

二维码被调换多出在肉类、海鲜类等二维码悬挂在摊位上方的摊主,且收款都会比菜摊更多,所以在晚上被不法分子将中间的头像部位去掉,用一张胶纸覆盖了摊主原来的收款二维码。如果不是用手触摸,很难发现被"调包"。因此提醒各位无论是做生意的商贩还是顾客,都要在支付时仔细查看并及时确认支付情况。

案例五:伪造汽车违停罚单

某先生路边停车被贴了"违法停车告知单",罚单上不仅显示该车的违停时间等信息,还附有本地公安局警察交警支队的红色公章。此外,罚单上还附有收款二维码,同时贴心备注有"可直接扫以下二维码处理,如不及时接受处理,交警部门将依法暂停该车车管业务办理"等内容。某先生用手机扫了一下,发现这个二维码直接跳转了微信支付平台,而且上面没有任何收款信息。因此某先生拿着这张带有二维码的罚单咨询了交警,交警及时指出这是一张假罚单。

不法分子利用消费者图省事的心理和有时存在粗心大意的情况，基于日常生活消费、公共事业缴费(水费、电费、燃气费等)、交通违章罚单缴费等应用场景,编造虚假的缴费信息通知或提示,同时放置或印制伪造的条码或二维码,误导客户扫描伪码,实施欺诈。

针对此类问题,建议广大用户不要见码就扫,在收到水费、电费、罚单等收款通知后,先通过电话等方式谨慎核实收款者身份,避免被不法分子借机骗取资金。此外,此类费用是不会通过扫码、转账等方式付款到个人账户的。最近,为方便驾驶人缴纳交通违法罚款，有些地区如天津的交管部门在现场处罚决定书上增加了二维码支付方式,驾驶人只需扫描交警现场开出的罚单上的二维码,即可在线交罚款。这种方式有交警在现场,消费者则可以放心缴纳。

案例六:警惕"僵尸充电桩"

现在,很多人出门都随身带上手机,对于一些手机重度使用用户来说,经常在外面使用一段时间手机,就没电了。现在很多公共场所都提供免费手机充电桩,但是很多用户对免费手机充电桩存在的安全问题并不是很了解。

目前所有智能手机的充电和数据接口都是统一的，也就是当用户连上手机充电桩的数据线后，却不知道另一端是充电插头还是一台电脑的USB接口。现在，很多不法分子已经打起了手机充电桩的主意，将其变身为攻击平台，而且只需利用一根具有数据传输功能的USB线，就能向连接其上充电的智能手机展开攻击。而这些存在问题的充电桩，行业术语称之为“僵尸充电桩”。

其实，这类问题充电桩往往会有提示牌，提醒iOS用户信任安装描述文件，或者Android用户打开USB调试模式。大家可以留意一下，用充电器充电的话，Android手机并没有模式选择，只有连接电脑才会这样。如果用户按照要求做了，手机切换到文件传输模式，充电桩背后的不法分子就可以通过电脑调用手机里的数据，如电子邮件、短信、照片和联络人等，还能截取到手机的实时屏幕画面，记录用户输入的所有信息，包括支付密码等。

为避免此类问题，用户应注意：在公共场所利用充电桩充电，当手机弹出权限请求时认真阅读后再同意，如果遇见强制要求必须“确定”与“信任”才可以进行充电的充电桩时，为了保障安全，尽量不要去使用它；Android手机不要ROOT或开启USB调试模式；iPhone保持iOS最新版本不要随意信任外部设备；此外，尽量随身携带充电宝。

第三节　重视上网安全

用户在使用智能手机上网的过程中，注意以下要点，可避免大部分风险。

一、在官网下载软件

在使用智能手机的时候，每个人的工作、爱好、兴趣都不一样，因此操作系统自带的工具性软件不一定满足用户的需要，用户都会继续安装一些自己需要的软件，完善功能。

需要特别注意的是，下载软件必须到软件官网，否则可能会被插入病毒或者垃圾软件，轻者手机运行变慢、信息泄露；重者手机被控制、资金被盗刷。

二、不点击来历不明的链接地址

短信、微信、QQ 发来的链接地址要慎重对待，不要轻易点击，更不要在未经确认来源可靠的情况下同意安装。

三、经常更换密码

使用智能手机在淘宝、微商城开店，去淘宝、京东购买东西，向朋友支付资金、借账还账这是经常要做的事情，要想更加安全，就需要经常更换密码。如果使用频率高，更换的频率也要快。这样能避免被别人盗用或者掉入钓鱼网站陷阱。对于苹果手机，一定要自己掌握 Apple ID 和密码，不要让销售人员代为注册、代为安装应用软件。

四、外出不用免费网络

在家里，智能手机应该使用家庭 WLAN 上网，减少移动数据网络使用，从而降低流量费用。在单位，要使用有密码设置的 WLAN 上网。出门在外一定要使用自己的数据移动网络上网，注意不要使用没有密码的不明不白无线网络，防止他人通过网络盗取本人的信息、银行账户等。

五、不收来历不明的红包

为了活跃微信群，现在有些人经常在群里发红包，或朋友之间互相发红包玩。注意，有一些不法分子会利用发红包的机会，盗取个人信息和资金账户、密码，实施网络偷盗，大家千万不要在不熟悉的群里收红包，因为这个红包可能就是个陷阱，不要贪小失大。

六、在专业官网上缴费

智能手机为我们解决了日常生活中水、电、煤气、电话、网络流量等排队缴费的困难，现在我们可以直接在手机上缴费了。注意在缴费的时候，必须上专业官网。如缴水费，上水务公司官网，打开收费窗口，输入水表账号，按照使用情况缴费。必须核对账户、使用情况后才能支付，否则可能是在替别人缴纳费用。

七、不定期使用手机杀毒软件

手机上网会带来一些插件、病毒、垃圾软件，不定期地使用杀毒软件清理垃圾软件、插件和病毒，能保证手机处在健康的运行环境中，达到安全使用的目的。

第四节　智能手机安全工具

日常使用智能手机的过程中，始终存在着安全隐患，除了在使用过程中注意外，还必须依靠安全软件来防范。以下介绍两款使用较为广泛的安全软件。

一、360 手机安全卫士

360 手机安全卫士可以在 Android、iOS、WP8 操作系统上运行，是全球第一款提供人性化手机体检功能的安全软件。它的手机体检报告可以让用户清晰了解手机的健康状况，并引导用户通过磁盘整理、开机自启程序管理、软件管理、垃圾清理等一系列优化工具，达到提升手机运行速度、节约电耗功效的目的。特有的手机急救包，及时解决手机出现的耗电猛增、自动狂发短信等紧急状况，全面保障手机安全。用户可通过扫描图 8-1 的二维码下载 360 手机安全卫士 App。

图 8-1

360 手机安全卫士功能介绍如下。

●杀毒。快速扫描手机中已安装的软件，发现木马病毒和恶意软件，一键操作，彻底查杀。联网云查杀确认可疑软件，获得最佳保护。

●话费流量。可随时对手机的包月扣费情况了如指掌。用户最为关心的流量剩余、话费剩余等关键信息，只一步就可全部显示，随时随地监控资费去向。

●骚扰拦截。360 手机卫士的“骚扰拦截”功能，一键开启诈骗先赔模式。开通后，若不幸遭遇电信诈骗，可进入快速理赔流程。

●防吸费。具有“防吸费电话”“流量监控防吸费”“防伪基站吸费”“防广告吸费”“防手机木马吸费”“防预装软件吸费”“防系统漏洞吸费”等全方位防吸费功能。

●清理加速。一键清理，帮助手机瘦身，清除缓存垃圾、内存和广告垃圾、无用安装包，为手机加速。用户只要摇一摇手机，就可以自动清理手机内存，给手机加速。

●支付保镖。可针对支付木马病毒、短信支付验证码、支付网址、WiFi 钓鱼等问题进行一系列的支付安全检测保护，让用户的手机全面接受安全保护。

●隐私空间。此款功能可以让用户添加隐私联系人。用户与隐私联系人的通话记录以及短信都会在隐私空间中。只有通过密码才能查看隐私空间中的内容。

●备份。可将通讯录、短信等重要资料加密后备份到 360 云安全中心。用户的个人数据也可以备份到自己的手机存储卡上，无须联网也可备份恢复个人数据，本地、云端备份数据全部采用加密处理，以保证用户的隐私数据不被任何未经授权的程序查看或访问。

二、腾讯手机管家

腾讯手机管家可以在 Android、iOS 操作系统运行。腾讯手机管家是一款完全免费的手机安全与管理软件，以“手机安全管理软件先锋”为使命，在提供病毒查杀、骚扰拦截、软件权限管理、手机防盗等安全防护的基础上，主动满足用户流量监控、空间清理、体检加速、软件管理等高端化和智能化的手机管理需求，更有“管家安全登录 QQ”“秘拍一拍即锁”“小火箭释放内存”等特色功能，让用户的手机安全无忧。用户可通过扫描图 8-2 的二维码下载腾讯手机管家 App。

图 8-2

第五节　常见问题及解决办法

一、微信语音被盗用获取的方式及防范措施

某女士接到自己父亲在微信上发来的消息，说他出门买菜忘记带钱，让转 200 元到微信上。某女士便用语音问了句“爸爸，是你吗？”很快，她就收到对方的回复，某女士一听是自己父亲的声音。那么，某女士还有没有被骗的可能？

有可能。因为某女士父亲的微信有可能被盗用了，语音是提前录好的。微信语音无法转发，是基于微信产品设计的初衷之一，即最大程度上保护用户的隐私及安全。然而，近期外界媒体报道了数起坏人转发用户微信语音进行欺诈行为的新闻，经技术分析及媒体跟进了解事实细节，“用户微信语音被他人获取”的可能性较小，但不排除以下几种可能。

●用户使用了“山寨微信”（微信外挂软件），手机感染木马，造成手机资料被木马窃取。

●用户通过其他渠道留存过语音及关系链信息，被坏人获取到，并通过语音合成软件加以利用，并用以欺骗身边亲友。

●部分媒体报道案例中，经过核实，欺诈者发送的语音并非被仿冒人声音，而是刻意制造嘈杂的环境效果、利用发布语音这个证明身份的动作进行心理暗示，以降低其他用户警惕，获取对方信任。这种情况只要仔细分辨还是很容易识破的。

用户可采取以下措施防止类似的骗局：

●不要使用任何形式的非官方微信客户端，避免信息可能主动泄露。

●在其他网站或平台谨慎留存语音资料信息，防止被他人获取并用于不法用途。

●保护好微信账号安全。无论他人以任何理由索要微信账号、密码、短信验证码等个人信息，坚决不要提供，否则极可能被盗号；当发现自身微信账号有被盗迹

象时，马上到手机端微信安全中心或者 PC 端微信中心网站（weixin110.qq.com）冻结账号，并通知好友谨防被骗；遇到微信好友借钱或其他需要资金支付的情况，最好能通过电话或视频进行确认，如果碰到模糊不清的语音，一定也要进行仔细求证；向不能确定真实身份的好友转账时，可将到账时间设置为“2 小时到账”或“24 小时到账”，以预留处理时间；若发现好友微信账号被盗，应及时进行被盗投诉，并通知好友第一时间冻结账号，并转发其他用户周知切勿上当。

二、微信的哪些设置可以保护个人隐私

●添加好友的方式。为了防止陌生人恶意添加微信打扰到自己，微信提供两个版块六大选择给用户。如果用户进行了适合自己的设置，微信使用中不会受到来自陌生人的干扰。具体步骤：打开微信，点击【我】→【设置】→【隐私】→【添加我的方式】，如图 8–3。

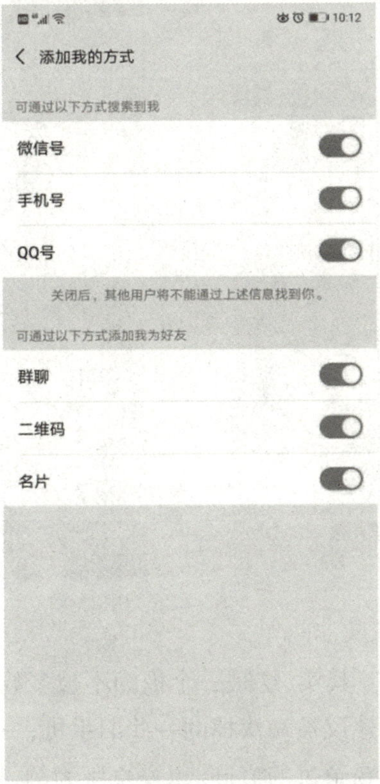

图 8–3

●微信钱包手势密码。没有设置微信钱包的手势密码,可能会在用户手机丢失之后被不法分子盗取微信里的钱财:一方面,微信已经成为极为主流的社交工具,同时微信支付也是目前国内主流支付方式;另一方面,微信钱包有零钱或者绑定的银行卡里有钱,都有概率是他们盗取的对象。但是,如果用户的微信钱包设置了手势密码,即可挡住这些人的别有用心,而结合微信采用的是银行级别的安全技术,手势密码暂时没有可能被破解。具体操作步骤:以安卓版为例,打开微信,点击【我】→【钱包】→【安全保障】→【安全锁】,在"安全锁"页面点击选择【手势密码解锁】(图8-4),然后输入支付密码(图8-5),进行手势密码设置(图8-6)。

图 8-4

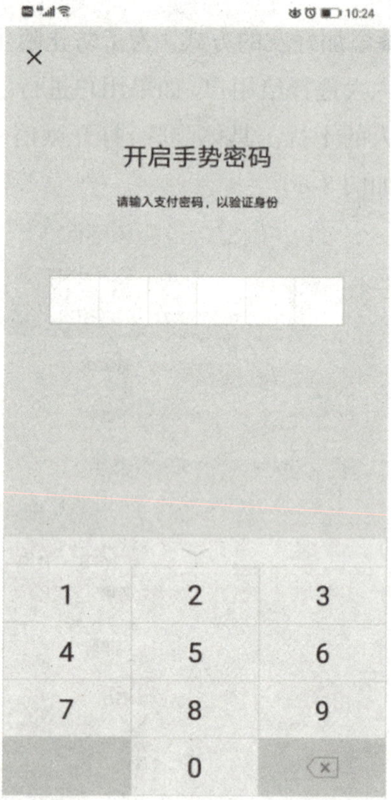

图 8-5

●微信登录设备管理。其实,这是一个极为不被多数人重视的功能,但从某种程度上来说是很重要的。建议被淘汰掉的一些旧手机,一定要抹除个人微信数据,且包括微信在什么设备上登录过的痕迹。以安卓版为例,具体操作:打开微信,点击

【我】→【设置】→【账号与安全】→【登录设备管理】，进入后会发现不少用户曾经登录过微信的设备名称，点击右上角【编辑】按钮即可逐个删除，特别是不用的一些设备更需要删除，如图 8-7。

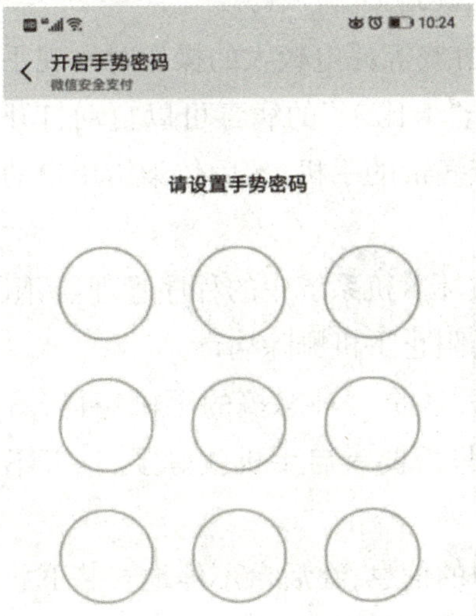

图 8-6

图 8-7

三、安卓手机中病毒有哪些表现，如何防范

（一）安卓手机中病毒的表现

●机身温度经常过热，在不进行任何操作的时候，手机温度变热发烫，并且出现突然无法开机的现象。造成这个现象的病毒是一种硬件损害类的病毒，如 Hack.

mobile.smsdos，对手机的破坏力非常大。

●手机话费突然减少，在没有拨打电话、使用流量上网等情况下，如果突然发现话费减少了，一定要留意，因为有种叫作“蚊子木马”的病毒会用用户的手机向国外拨打电话，当用户发现的时候手机已经欠费几百元了。

●手机电量骤减，如果在没有观看视频、玩游戏等耗电较大的操作时发现手机电量骤减，也要格外注意一下，因为有一种叫作“卡比尔”的病毒可以自动打开蓝牙、WiFi，加快耗电速度，并自动搜索附近的携带病毒的手机，然后传染给用户的手机，窃取手机里的信息。

●手机无法更新，例如“Fontal 木马”，通过破坏手机系统中的程序管理器，阻止使用者下载新的应用程序或其他更新，并且还会阻止手机删除病毒。

●手机的屏幕上显示格式化内置硬盘画面，这是一种恶搞的手机病毒，看到之后不用惊慌，不会真的把手机格式化。这时只需要重启手机就好了，千万不要被误导。

一般手机被病毒感染之后，往往会盗取用户的信息，在后台不停地安装下载软件，并不停地推送垃圾广告信息等，让手机越来越卡，越用越难用。

（二）防止手机中病毒的方法

●不要往手机上下载来路不明的软件或文件，不要安装通过彩信、微信、蓝牙等发送过来的来源不明可安装文件。下载信息时保证信息源可靠。

●手机安装必要的安全软件，平时需要注意隐藏或关闭手机的蓝牙功能，这样可以防止手机自动接收病毒。

●假如手机已经中了病毒建议刷机处理，或者恢复出厂设置，对手机进行清理。或者进入安全模式，找到病毒程序取消激活。

四、如何保管手机和密码

●手机不要随便外借或随处乱放。

●不要在手机中存入银行密码等重要信息。

●不要随意打开陌生软件，以防软件中带有木马程序。

●定期为手机杀毒或清理。

●手机丢失后要及时申请冻结银行卡和相关联的支付服务。

●当手机账户中的资金被其他人盗用时，立即向警方报案。

五、手机理财有哪些安全注意事项

●有些手机银行有超时退出功能，而有的没有，针对这点，用户要特别留意。当然，不管有没有超时退出功能，手机银行或者理财 App 使用完毕，都应立即退出。另外，用户每次使用手机银行或者理财 App 后，记得及时清除手机内存中临时存储的账户、密码等信息，避免信息外泄。

●用户在开通手机银行时，一定要使用官方发布的手机银行客户端，同时确认签约绑定的是自己的手机。

●用户可以根据平时每天或每周的转账金额，设立合适的额度，如果只是小额支付或充话费，可以把转账金额设定少一些。

●手机理财类 App 大都配有密码防护，应尽量为支付账户设置单独的、高安全级别的密码。

●当用户发现手机无故停机或无法使用等情况，要第一时间向运营商查询原因，以免错过理财的时期。

●当用户更换了手机号时，要及时将旧手机号与网银等理财账户解除绑定。万一手机丢了，还要第一时间冻结手机理财功能，避免造成经济损失。

●给手机设置 PIN 密码、锁屏密码，等于在理财 App 的外围增加了一道防护，万一手机丢了，得到的人也很难马上解锁手机。

●安装相关手机管家软件，开启手机防盗功能，当手机丢失后可以第一时间发指令清空手机数据，以免他人登录手机银行。

参考文献

[1]林美惠,薛华.农林信息检索与利用[M].北京:人民出版社,2011.

[2]宋朝阳,牛丹丹,额尔德木图.农村信息化及网络应用[M].北京:中国农业科学技术出版社,2016.

[3]刘善文,臧春荣.网络与农业信息服务[M].福州:福建科学技术出版社,2010.

[4]陶忠良.农民智能手机应用指南[M].北京:中国农业科学技术出版社,2016.

[5]陈中建,李志华.农民手机应用指南[M].北京:中国农业科学技术出版社,2017.

[6]朱斌,付名,鲁建斌.农民手机应用[M].北京:中国农业科学技术出版社,2017.

[7]任凡,刘玉贤,杜彦江.农民手机应用[M].北京:中国农业科学技术出版社,2018.

[8]恒盛杰资讯.中老年学智能手机 APP 全程图解手册:全彩大字版[M].北京:机械工业出版社,2019.

[9]文杰书院.新手学电脑·手机上网完全自学手册[M].北京:机械工业出版社,2016.